Studienwissen kompakt

Mit dem Springer-Lehrbuchprogramm „Studienwissen kompakt" werden kurze Lerneinheiten geschaffen, die als Einstieg in ein Fach bzw. in eine Teildisziplin konzipiert sind, einen ersten Überblick vermitteln und Orientierungswissen darstellen.

Holger J. Schmidt

Markenführung

Holger J. Schmidt
Hochschule Koblenz
Koblenz, Deutschland

ISBN   978-3-658-07164-6   ISBN   978-3-658-07165-3 (eBook)
DOI 10.1007/978-3-658-07165-3

Die Deutsche Nationalbibliothek verzeichnet diese Publikation in der Deutschen
Nationalbibliografie; detaillierte bibliografische Daten sind im Internet über
http://dnb.d-nb.de abrufbar.

Springer Gabler
© Springer Fachmedien Wiesbaden 2015
Springer Fachmedien Wiesbaden GmbH ist Teil der Fachverlagsgruppe Springer
Science+Business Media
www.springer.com

Geleitwort

Es bleibt alles anders?!

Die Rahmenbedingungen des Marketings haben sich in den letzten Jahren drastisch verändert. Rasch wechselnde Schlagwörter wie Content Marketing, Big Data oder Realtime Advertising reflektieren die aktuell nervöse Diskussion in der Marketingpraxis. Fast wöchentlich werden ‚neue' Allheilmittel zur Überwindung der abnehmenden Kommunikationseffizienz propagiert. Nicht selten werden Lösungsvorschläge – wie der „Abschied von der integrierten Kommunikation" – publiziert, bei denen das Kind mit dem Bade ausgeschüttet wird. An dieser Stelle ist es angebracht durchaus einmal inne zu halten. Auch wenn sich zugegebener Maßen das individuelle Kommunikationsverhalten so fundamental wie vielleicht noch nie seit dem Bestehen des modernen Marketings verändert hat und die Kontaktbarrieren zum Kunden zugenommen haben, bleibt eines dennoch unverändert: Kunden kaufen Marken und vor allem solche, die sie begehren!

In der aktuellen kommunikationsbezogenen Diskussion scheint die Macht der Marke, zumindest zeitweise, in den Hintergrund zu rücken. In den meisten Branchen stellt die Marke jedoch den *stärksten* Treiber des Unternehmenswertes dar. Unternehmen, die starke Marken führen, sind erfolgreiche Unternehmen. Das Thema Marke muss folglich einen bedeutenden Raum in der Ausbildung des Management-Nachwuchses einnehmen. Es kann deshalb gar nicht genügend gute Lehrbücher zu diesem zentralen Thema geben.

Das vorliegende Lehrbuch zeichnet sich durch eine dezidierte Didaktik und eine Kompaktheit aus, die eine fundierte Ausbildung in den zentralen Fragen des Markenmanagements bereits im Bachelorstudium ermöglicht. Untermauert durch zahlreiche Praxisbeispiele wird der Lehrstoff anschaulich und spannend vermittelt. Serviceelemente wie die Kapitelzusammenfassungen, die Lern-Kontrolle, ein umfassendes Glossar oder Tipps für das Studium sorgen schließlich für die notwendige Freude am Lernen. „Studienwissen kompakt: Markenführung" leistet damit einen wertvollen Beitrag zum weiteren Ausbau der Ausbildung im Markenmanagement.

Professor Dr. Tobias Langner
Bergische Universität Wuppertal

Vorwort

Als vom Springer Gabler Verlag die Idee, ein Lehrbuch zur Markenführung zu verfassen, an mich herangetragen wurde, habe ich dankend abgewinkt. Noch ein Lehrbuch über Marken? Wozu? Es gibt doch bereits großartige und etablierte Standardwerke, wie beispielsweise die der Kollegen Christoph Burmann („Identitätsbasierte Markenführung"), Franz-Rudolf Esch („Strategie und Technik der Markenführung") oder Carsten Baumgarth („Markenpolitik"). Dort wird die Markenführung sowohl aus der theoretischen als auch aus der praktischen Perspektive in allen Einzelheiten behandelt, und viele wertvolle Akzente für Forschung und Unternehmensführung werden gesetzt.

Beim Lehrbuchprogramm „Studienwissen kompakt" gehe es allerdings darum, kurze Lerneinheiten zu entwickeln, die als Einstieg in ein Fach konzipiert sind und einen ersten Überblick vermitteln, wurde mir erläutert. Das interessierte mich! Denn in meinen Vorlesungen merke ich immer wieder, dass den Studierenden der Zugang zu modernen, vor allem identitätsbasierten Theorien der Markenführung nicht leicht fällt. Nach einer kurzen Phase des Überlegens war mir dann klar: Eine Einführung in das Thema Marke, die kompakt gestaltet ist, aber dennoch die wesentlichen Teilbereiche abdeckt, und die zudem zu wichtigen Punkten Vertiefungsmöglichkeiten aufzeigt sowie vernetztes Denken fördert, könnte diese Lücke schließen. Deshalb richtet sich dieses Buch in erster Linie an Studierende der Wirtschafts- und Sozialwissenschaften, die einen ganzheitlichen Überblick über Marken gewinnen wollen oder einen Bezugsrahmen der Markenführung suchen, um ihre Studien auf einer wissenschaftlichen Grundlage zu vertiefen. Darüber hinaus vermittelt das Buch auch für Praktiker einen kompakten Überblick zu aktuellen Markentheorien und gibt Hinweise zu deren Anwendung.

In einzelnen, in sich geschlossenen Kapiteln werden theoretische Grundlagen zur Markenführung erläutert und mit praktischen Beispielen belegt. Marken werden dabei verstanden als Leistungsspeicher mit spezifischen, differenzierenden Merkmalen. Die hier vertretene Perspektive auf Marken ist folglich identitätsorientiert. Das Buch ist gedacht als fundierter Einstieg, der Zugang zu einer markenorientierten Denkweise ermöglicht sowie bestehendes Wissen ordnet und in Bezug zu praxisrelevanten Fragestellungen setzt. Wenn es darüber hinaus gelingen sollte, an der einen oder anderen Stelle eine eigene Perspektive einzubringen, die vielleicht sogar die Diskussion zur Markenführung bereichern kann, so würde es mich außerordentlich freuen. Hinweise zu Verbesserungsmöglichkeiten nehme ich gerne auf unter hjschmidt@hs-koblenz.de.

Das Buch gliedert sich wie folgt: In ▶ Kap. 1 werden die Grundlagen der Markenforschung dargestellt. Dieses einführende Kapitel ist etwas ausführlicher als die verbleibenden, da es wichtig erscheint, ein Grundverständnis für Marken zu besitzen, bevor ihre Führung diskutiert wird. Am Ende des Kapitels wird ein Bezugsrahmen entwickelt, an dem sich der weitere Fortgang des Buches orientiert. ▶ Kap. 2 widmet sich dann der Markenanalyse. Hier werden die relevanten Informationsfelder betrachtet, die als Grundlage der in ▶ Kap. 3 erläuterten strategischen Markenführung dienen. ▶ Kap. 4 diskutiert ausgewählte Felder des operativen Markenmanagements. In diesem Kapitel wird die kompakte Form des Buches besonders deutlich, da das große Gebiet der Markenimplementierung im vorliegenden Rahmen nur andiskutiert werden kann. Das Buch schließt mit ▶ Kap. 5, in dem Methoden und Instrumente des Markencontrolling und der Markenbewertung vorgestellt werden.

Bedanken möchte ich mich bei folgenden Personen, die mich bei der Entstehung dieses Buches begleitet haben: Ohne Frau Barbara Roscher von Springer Gabler, die mir das Thema anvertraute, wäre das Buch nicht entstanden. Frau Birgit Borstelmann, ebenfalls Springer Gabler, leistete hervorragende Arbeit im Projektmanagement und gab wertvolle Tipps während des Prozesses des Schreibens. Lars Jansen, freier Lektor, unterstützte mich mit seinem Gefühl für Sprache und Grammatik. Herzlichen Dank! Außerdem bedanke ich mich bei meiner Frau und meinen beiden Söhnen, die mir während des Schreibens den Rücken freihielten.

Ein ganz besonderer Dank geht aber an meine Studierenden an der Hochschule Koblenz und an anderen Bildungsinstitutionen im In- und Ausland: Sie haben mit ihren zahlreichen Anmerkungen und Fragen in meinen Vorlesungen mein Verständnis für didaktische Anforderungen gefördert und meinen Blick für die besonderen Erkenntnisprobleme der Markenführung geschärft. Danke – und weiter so!

Holger J. Schmidt
Bonn – Bad Godesberg, im Januar 2015

Über den Autor

Prof. Dr. Holger J. Schmidt, Jahrgang 1969, studierte Betriebswirtschaftslehre mit den Schwerpunkten Marketing, Industriebetriebslehre und Psychologie in Mannheim und Barcelona. An der Leibnitz-Universität in Hannover am Lehrstuhl von Prof. Dr. Klaus-Peter Wiedmann promovierte er zum Thema „Markenmanagement bei erklärungsbedürftigen Produkten".

Er verfügt über 20 Jahre Erfahrung in der Markenführung, die er durch unterschiedliche Tätigkeiten in Unternehmensberatungen, in der Werbung und in einem internationalen Konzern gewinnen konnte. Seit 2011 ist er Professor für ABWL und Marketing an der Hochschule Koblenz und verantwortet dort Vorlesungen für Markenführung, Marketingkommunikation, Marketing, Marktforschung, empirische Sozialforschung und strategisches Management. Er nimmt regelmäßig Lehraufträge im In- und Ausland an, spricht auf Konferenzen und ist Verfasser zahlreicher wissenschaftlicher Fachbeiträge. Sein Buch „Internal Branding" (2007) war eines der ersten Bücher zu diesem Thema im deutschsprachigen Raum. Seine Forschungs- und Publikationsschwerpunkte liegen in den Bereichen der internen Markenentwicklung, der Markenorientierung, der strategischen Markenführung sowie der Markenführung von Sozialunternehmen.

Außerdem engagiert er sich im Beirat der Generationsbrücke Deutschland, einer sozialen Organisation, die Jung und Alt zusammenführt.

Schmidt ist verheiratet, hat zwei Kinder und wohnt in Bonn.

Inhaltsverzeichnis

Grundlagen der Markenführung

Holger J. Schmidt

H. J. Schmidt, *Markenführung,* Studienwissen kompakt,
DOI 10.1007/978-3-658-07165-3_1, © Springer Fachmedien Wiesbaden 2015

Lern-Agenda

Was versteht man unter einer Marke? Welche Funktionen übernehmen Marken, und unter welchen Bedingungen müssen sie sich am Markt behaupten? In diesem Kapitel werden Sie mit den wichtigsten Begriffen und Theorien der Markenführung vertraut gemacht. Nach dem Lesen dieses Kapitels …

verstehen Sie, warum Aufbau und Pflege von Marken für Unternehmen eine wichtige Bedeutung haben.	► Abschn. 1.1
können Sie den Begriff der Marke aus unterschiedlichen Perspektiven definieren.	► Abschn. 1.1
verstehen Sie den Grundgedanken der identitätsbasierten Markenführung und können mit den relevanten Begrifflichkeiten sicher umgehen.	► Abschn. 1.1
kennen Sie die Rahmenbedingungen, denen sich die Markenführung stellen muss.	► Abschn. 1.2
wissen Sie, welche Funktionen Marken für Konsumenten und Anbieter innehaben, und verstehen diesbezügliche Unterschiede in den einzelnen Wirtschaftssektoren.	► Abschn. 1.2 ► Abschn. 1.5
kennen Sie die wesentlichen historischen Entwicklungen der Markenführung.	► Abschn. 1.3
verstehen Sie, was das Konzept der Markenorientierung bedeutet und woran man eine hohe Markenorientierung eines Unternehmens erkennt.	► Abschn. 1.4
kennen Sie die Phasen der Markenführung und die jeweiligen Aktivitäten und können diese in einen Bezugsrahmen integrieren.	► Abschn. 1.6

1.1 Bedeutung und Begriff der Marke

Nur wenige Themen wurden in den letzten Jahren in Wissenschaft und Praxis des Managements so ausgiebig diskutiert wie die Markenführung. Dass sich Unternehmen wie die exklusive Sportwagenschmiede Ferrari, der edle Schreibgerätehersteller Faber-Castell oder der bekannte Lebensmittelkonzern Ferrero mit ihrer Unternehmensmarke oder ihren Produktmarken beschäftigen, ist sicherlich wenig überraschend. Bemerkenswert ist allerdings, dass der markenbezogene Diskurs nicht mehr nur in den Marketingabteilungen stattfindet, sondern bereits auf den Leitungsebenen vieler Unternehmen angekommen ist. Wenn also Amedeo Felisa, Vorstandschef von Ferrari, von der Notwendigkeit berichtet, das Erbe der Marke Ferrari zu verteidigen (Freitag und Katzensteiner 2013), und Graf Anton von Faber-Castell darüber sinniert, welche Bühnen für eine attraktive Präsentation seiner Marke geeignet sind (Handelsblatt 2014), zeigt dies die hohe strategische Bedeutung der Markenführung. Zudem wird das Megathema „Marke" auch im Topmanagement von Unternehmen diskutiert, die auf den ersten Blick nicht mit starken Marken in Verbindung gebracht werden. So spricht Dr. Kurt Bock, Vorstandsvorsitzender der BASF, in einer Pressemitteilung vom September 2014 über den Markenkern des Chemieunternehmens (BASF 2014), und Wolfgang Reitzle, bis Mai 2014 Vorstandsvorsitzender des Industriegaseproduzenten Linde, betont, dass Marken auch in B-to-B-Märkten einen nachhaltigen Beitrag zur Wertschöpfung leisten (Reitzle 2005, S. 880). Starke Marken sind also überall dort gefragt, wo ein intensiver Wettbewerb vorherrscht. Die Versicherung Swiss Life (2010) bringt es in ihrem Jahresbericht auf den Punkt: „Eine starke Marke erweist sich im kompetitiven Marktumfeld als zentraler Erfolgsfaktor."

Darüber hinaus scheint die Marke auch außerhalb von klassischen For-Profit-Unternehmen eine gewichtige Rolle zu spielen: Non-Profit-Organisationen, Städte, Regionen, Parteien, Politiker, Musiker, Museen, Sportler und Sportvereine haben sich des Themas angenommen. Im sozialen Sektor gilt eine hohe Markenorientierung bereits seit Längerem als Erfolgskonzept (Schmidt und Baumgarth 2014, S. 100). Werr und Wicke (2010) raten Krankenhäusern, sich zu starken Marken zu entwickeln, um eine unverwechselbare Identität aufzubauen. Robert Harting, der mehrfache Weltmeister und Olympiasieger im Diskuswerfen, bezeichnet sich als „Marke Robert Harting" (FAZ 2014). Kausch et al. (2013) beschäftigen sich in ihrem Buch „Städte als Marken" mit den Schritten, die zum Aufbau einer starken Stadtmarke notwendig sind. Und Karl-Heinz-Rummenigge, Vorstandsvorsitzender des Münchner Vorzeigeclubs, spricht nicht vom Sportverein, sondern von der „Marke FC Bayern" (asw 2008). Inzwischen sind also beinahe alle Gesellschafts- und Lebensbereiche von der „Ausweitung der Markenzone" betroffen (Hellmann 2003, S. 16).

> **Auf den Punkt gebracht:** Ob bei Konsum- oder Investitionsgütern oder auch außerhalb der Wirtschaft: Eine starke Marke gilt als wichtiger Erfolgsfaktor, um sich gegenüber anderen Marktteilnehmern bzw. Konkurrenten, die ähnliche Grundbedürfnisse befriedigen, zu behaupten.

Beispiel: Die Marke FDP

Im September 2014 fand an der Hochschule Koblenz der Kongress DERMARKENTAG2014 statt, der sich als Diskussionsplattform der Markenführung im deutschsprachigen Raum versteht. Als Referent eingeladen war unter anderem auch Marco Buschmann, Bundesgeschäftsführer der FDP, der knapp ein Jahr nach dem Ausscheiden seiner Partei aus dem Bundestag zum Thema „Die Positionierung der FDP als markenstrategische Herausforderung" referierte. Sein Vortrag war zuvor auf der Homepage des Kongresses wie folgt angekündigt worden: Buschmann „erläutert in seinem Vortrag den Markenkern der FDP und geht darauf ein, welche markenstrategischen Fehler seine Partei in den vergangenen Jahren machte. Weiterhin zeigt er auf, wie sich die FDP zukünftig positionieren will, um wieder eine ‚In-Brand' zu werden." (▶ www.dermarkentag.de)

Für die Aktualität des Themas Marke sind aus betriebswirtschaftlicher Perspektive vornehmlich vier Gründe zu nennen: **Erstens** sind Marken attraktiv für Kunden. „Kunden kaufen keine Produkte, sie kaufen Marken", argumentiert Esch (2014, S. 70). Um jedoch die Markenbildung auf den wettbewerbsintensiven Käufermärkten unserer Zeit zu ermöglichen, ist es für viele Unternehmen notwendiger denn je, sich von vergleichbaren Angeboten abzuheben. Dass diesbezüglich Handlungsbedarf besteht, zeigen Untersuchungen zur wahrgenommenen Markengleichheit. Eine weitreichende Differenzierung vom Wettbewerb wird für viele Unternehmen in unterschiedlichen Branchen immer schwieriger: Laut der „Brand Parity"-Studie aus dem Jahre 2009 nehmen 64 Prozent der Konsumenten Marken als austauschbar wahr, das heißt, zwei Drittel erkennen keine wesentlichen Unterschiede zwischen einer Marke und ihren Konkurrenzbrands. Im Vergleich zur letzten Erhebung im Jahr 2004 ist die empfundene Austauschbarkeit von Marken nochmals um zwei Prozentpunkte gestiegen (Sander et al. 2009). **Zweitens** wurden in den letzten Jahren leistungsfähige Ansätze entwickelt, die eine gute Basis dafür bilden, Marken erfolgsorientiert aufzubauen und zu pflegen. Diese identitätsbasierten Ansätze sind Managementmethoden, die sich in ihrer strukturierten Vorgehensweise und mit ihren konkreten Handlungsempfehlungen von einer „Markenführung nach Bauchgefühl" unterscheiden. **Drittens** hat sich die Erkenntnis durchgesetzt, dass Marken immaterielle Vermögensgegenstände sind, die einen beträchtlichen Wert darstellen können. Im Ranking „Best German Brands 2014" der Beratung Interbrand wurde beispielsweise der Wert der Marke BMW auf gut 25 Milliarden Euro beziffert (◻ Tab. 1.1). Zum Vergleich: Bei BMW liegt das in der Bilanz des Jahres 2013 ausgewiesene Sachvermögen – also z. B. Fabriken, Maschinen, Autos – bei rund 15 Milliarden Euro. Wer würde vor diesem Hintergrund befürworten, einen bedeutenden Anteil des Unternehmenswertes einfach dem Zufall zu überlassen? Und **viertens** haben zahlreiche Studien belegen können, dass markenorientierte Unternehmen oder Unternehmen mit starken Marken erfolgreicher sind als andere. Eine Untersuchung der Beratungsunternehmen Booz Allen Hamilton und Wolff Olins (Harter et al. 2005) hat beispielsweise gezeigt, dass 82 Prozent der markenzentriert geführten Unternehmen ein besseres Ergebnis erbringen als vergleichbare Unternehmen ihrer Branche. Und Madden et al. (2006) zufolge erzielen Aktienportfolios mit attraktiven Marken nicht nur eine deutlich höhere monatliche Aktienrendite als der Marktdurchschnitt, sie sind zudem weniger anfällig für systematische Risiken.

> ▶ **Auf den Punkt gebracht: Marken sind wichtige Vermögensgegenstände, die Notwendigkeit einer zielorientierten Markenführung steigt, leistungsfähige Managementansätze sind vorhanden und Marken sind über lange Sicht erfolgreicher als No-Name-Produkte.**

Doch was versteht man unter einer Marke? Ein Objekt zu markieren, bedeutet letztlich, es zu kennzeichnen. Sprachlich ist eine Marke also ein Erkennungszeichen, ur-

▣ **Tab. 1.1** Die wertvollsten deutschen Marken (Quelle: www.bestgermanbrands2014.de)

Rang	Marke	Markenwert in Mio. Euro	Rang	Marke	Markenwert in Mio. Euro
1	Mercedes-Benz	25.546	11	Allianz	5373
2	BMW	25.494	12	Porsche	5182
3	SAP	13.352	13	Boss	3213
4	Deutsche Telekom	12.335	14	Bosch	3036
5	Volkswagen	8904	15	Deutsche Bank	3032
6	Siemens	6808	16	Nivea	2513
7	BASF	6474	17	Continental	2465
8	Audi	6219	18	Aldi	2189
9	Adidas	6033	19	Linde	1725
10	Bayer	5615	20	MAN	1719

sprünglich für den Eigentümer, im betriebswirtschaftlichen Kontext jedoch für den Hersteller oder Verkäufer eines Produktes oder den Erbringer einer Dienstleistung. Eine Marke, die dies heute noch explizit ausdrückt, ist Hipp, der bekannte Hersteller von Babynahrung. Dass Claus Hipp mit seinem Namen für das Produkt bürgt, ist als Herkunfts- und Qualitätssignal von entscheidender Bedeutung. Denken wir jedoch an so unterschiedliche Marken wie Samsung, Red Bull, Tesla, Ikea oder H&M, so reicht dieses Verständnis nicht mehr aus, um das Verhalten der Konsumenten zu erklären. ► Abschnitt 1.3 wird in diesem Zusammenhang aufzeigen, dass sich das Markenverständnis und damit auch die Definition der relevanten Begrifflichkeiten im Laufe der Zeit verändert haben.

Heute können wir im Wesentlichen drei Ansätze identifizieren, um das Phänomen Marke zu beschreiben. Aus **rechtlicher Perspektive** wird der Begriff durch das Markengesetz (MarkenG) definiert. Laut § 3 Abs. 1 MarkenG können als Marken

» alle Zeichen, insbesondere Wörter einschließlich Personennamen, Abbildungen, Buchstaben, Zahlen, Hörzeichen, dreidimensionale Gestaltungen einschließlich der Form einer Ware oder ihrer Verpackung sowie sonstiger Aufmachungen einschließlich Farben und Farbzusammenstellungen geschützt werden, die geeignet sind,

Waren oder Dienstleistungen eines Unternehmens von denjenigen anderer Unternehmen zu unterscheiden.

Gemäß Baumgarth (2014, S. 27 ff.) kann dabei Markenschutz durch Eintragung des Zeichens in das beim Patentamt geführte Markenregister, durch Verkehrsgeltung oder durch notorische Bekanntheit erreicht werden. Um starke Marken aufzubauen, ist hinreichender rechtlicher Schutz sicherlich notwendig – für das Management von Marken leistet die rechtliche Perspektive jedoch keinen inhaltlichen Beitrag.

Aus einer **nachfragerbezogenen Perspektive** verstehen wir Marken als

》 Vorstellungsbilder in den Köpfen der Anspruchsgruppen, die eine Identifikations- und Differenzierungsfunktion übernehmen und das Wahlverhalten prägen. (Esch 2012, S. 22)

Hieraus ist abzuleiten, dass der Begriff Marke nicht absolut, sondern relativ zu interpretieren ist. Was für den einen eine starke Marke darstellt, da er mit ihr individuelle Vorstellungen und Gefühle – wie z. B. Erinnerungen an seine Kindheit, einen besonderen Geruch oder eine spezifische Verwendungssituation – verbindet, mag für den anderen nur ein Produkt unter vielen sein. Implikationen aus dieser Definition ergeben sich für die Markenführung einige: Über die Werbung z. B. sollten Marken gezielt für den Aufbau möglichst konkreter und klarer Vorstellungsbilder sorgen, Anknüpfungspunkte für eine Identifikation bieten sowie sich von vergleichbaren Anbietern unterscheiden.

Aus einer **identitätsbezogenen Perspektive** wird argumentiert, dass eine Marke im Unternehmen verankert sein muss, um erfolgreich nach außen zu strahlen. Das Markenmanagement wird folglich als integrativer Bestandteil der Unternehmensführung verstanden, in dem auch die markengerechte Ausgestaltung des Mitarbeiterverhaltens eine zentrale Rolle einnimmt. Der auf dieser Grundidee aufbauende, in den Neunzigerjahren entstandene identitätsbasierte Ansatz der Markenführung (vgl. Aaker 1996; Meffert und Burmann 1996; Kapferer 1992; Brandmeyer und Schmidt 1999) erfuhr in Wissenschaft und Praxis schnell Verbreitung und gilt heute als das leistungsfähigste Managementmodell im Kontext von Marken (Burmann et al. 2012, S. V).

Der identitätsbasierte Ansatz entschärft die in früheren Zugängen zur Markenführung oft zu beobachtende Fokussierung auf die Absatzmärkte und die entsprechenden Instrumente der Kommunikationspolitik. Das durch die Märkte erlebte Markenimage steht nicht mehr alleine im Zentrum der Analysen und Maßnahmen. Vielmehr steht die Innensicht der Marke, ihre Identität, gleichberechtigt neben der Außensicht, ihrem Image. Die Orientierung nach außen – „outside-in" – wird durch eine Sicht nach innen – „inside-out" – ergänzt (Burmann et al. 2012, S. 28). Um sich dauerhaft vom Wettbewerb zu differenzieren und sich Wettbewerbsvorteile zu sichern, sind beide Blickwinkel zu verknüpfen (Burmann et al. 2012, S. 17).

Aus der Perspektive der identitätsbasierten Markenführung können Marken wie folgt definiert werden (Burmann et al. 2012, S. 30):

» Marken sind Nutzenbündel mit spezifischen Merkmalen, die dafür sorgen, dass sich dieses Nutzenbündel gegenüber anderen Nutzenbündeln, welche dieselben Basisbedürfnisse erfüllen, aus Sicht relevanter Zielgruppen nachhaltig differenziert.

Dies bedeutet, dass Marken aufseiten der Anbieter durch das verlässliche Erbringen eines spezifischen, überlegenen Nutzens entstehen. Mitunter ist sogar die Rede davon, dass Marken auf historischen Spitzenleistungen basieren, die sich im Laufe der Zeit in den Köpfen der Zielgruppen in Form positiver Vorurteile manifestieren. Koch (2010, S. 42) definiert hierzu:

» Marken sind Leistungsspeicher.

Der Markennutzen kann funktionale und/oder symbolische bzw. emotionale Komponenten aufweisen (de Chernatony et al. 2011). Während erstere sich direkt aus dem Produkt und seinem objektiven Leistungsspektrum herleiten, basieren letztere auf Interpretationen des funktionalen Bereichs sowie auf den mit der Markennutzung verbundenen Gefühlen. Eine Marke wie Apple beispielsweise bietet ihren Kunden einen funktionalen Nutzen, der mit Eigenschaften wie benutzerfreundlich, hochwertig oder innovativ beschrieben werden kann. Aber die Marke offeriert ihren Fans auch symbolische und emotionale Nutzenkomponenten, wie z. B. Lifestyle, Kreativität oder die Zugehörigkeit zur Gemeinschaft der Apple-User. Letztlich entsteht eine starke Marke nur, wenn ihre Beschaffenheit durch den Nachfrager dauerhaft als von anderen unterscheidbar wahrgenommen wird.

Das Management einer Marke beinhaltet alle strategischen und operativen Tätigkeiten, die zu Aufbau, Pflege, Relaunch, Controlling oder Elimination einer Marke notwendig sind. Unter dem Begriff Markenmanagement wird folgerichtig die gezielte und funktionsübergreifende Steuerung der Marke gegenüber ihren Anspruchsgruppen verstanden (Burmann et al. 2012, S. 91). Der Begriff Markenführung ist mit dem Markenmanagement gleichzusetzen. Mitunter wird auch von der Markentechnik gesprochen. Diese Begriffswahl soll betonen, dass man Marken nicht aus dem Bauch heraus, sondern systematisch führen soll, und dass die Markenführung bestimmten festgeschriebenen Gesetzmäßigkeiten folgt.

Hintergrund: Die Wurzeln des Wortes „Markentechnik"

Der Begriff Markentechnik geht auf den Werbepsychologen und Markenberater Hans Domizlaff zurück (1882–1971), der sich als einer der ersten systematisch mit dem Aufbau und der Pflege von Marken beschäftigte. Das Hans Domizlaff Archiv (2015) in Frankfurt a. M. erläutert den Begriff auf seiner Website wie folgt:

„Das Wort ‚Markentechnik' bezeichnet nach Hans Domizlaff die systematische Nutzbarmachung psychologischer Methoden und Erkenntnisse ‚für den Geltungskampf ehrlicher Leistungen oder produktiver Ideen'. In dem äußerlichen Widerspruch aus der Verbindung der Worte Marke und Technik zu Markentechnik verbirgt sich der Kern des Domizlaff'schen Denkens: Technik als das rationale Element, das von der Vernunft geleitete Handeln und Bedienen der Instrumente – und Marke als das unwägbare, nicht durch Denken erfassbare und durch Sprache kaum beschreibbare Element: das lebendige Wirken und Gestalten von Kräften außerhalb des individuellen Daseins."

┌─ **Merke!** ──

Marken sind Leistungsspeicher mit spezifischen Merkmalen, die dafür sorgen, dass sie sich aus Sicht relevanter Zielgruppen gegenüber anderen Angeboten, welche vergleichbare Basisbedürfnisse erfüllen, nachhaltig differenzieren. Das **Markenmanagement** (auch: **Markenführung**) sorgt für eine gezielte und funktionsübergreifende Steuerung der Marke gegenüber ihren Anspruchsgruppen.

└──

1.2 Rahmenbedingungen und Funktionen der Marke

Auf den heutigen Märkten der westlichen Industriegesellschaften gibt es eine enorme **Angebotsvielfalt**. So besteht in den großen Supermärkten des Lebensmitteleinzelhandels das Sortiment in der Regel aus mehreren zehntausend Artikeln. Und über das Internet ist fast alles verfügbar, wovon das Käuferherz träumt. Auf der Online-Plattform des Elektronikhändlers Saturn waren beispielsweise am 21. Dezember 2014 allein unter der Produktkategorie „Smartphones" 232 Artikel gelistet. Dabei nimmt die Angebotsvielfalt eher zu als ab: Produktneueinführungen, so häufig sie auch scheitern mögen, machen für den Handel einen beträchtlichen Anteil des Jahresumsatzes aus. Einer 2010 veröffentlichten Studie im Auftrag des Markenverbandes zufolge erzielten die befragten Markenhersteller gut 20 Prozent ihres Jahresumsatzes mit neuen Produkten (Pavel et al. 2010). Hinzu kommt, dass die **Qualitätsunterschiede** zwischen den Produkten einer Kategorie zunehmend geringer werden. So bewertete die Zeitschrift AUTOBILD in ihrem Winterreifen-Test 2014/2015 in Bezug auf Reifen der Größe 225/50 R17 vier der sechzehn getesteten Reifen als vorbildlich und fünf als empfehlenswert. Selbst der schlechteste der getesteten Reifen war noch bedingt empfehlenswert.

Gleichzeitig ist der Kampf der Anbieter um die Wahrnehmung des Kunden so heftig entbrannt wie nie zuvor. Man könnte sagen, es herrscht **Lärm auf allen Kanälen**: Um Werbebotschaften im Fernsehen zu platzieren, konnten Werbetreibende nach Angaben der Landesmedienanstalten zum 01. Januar 2014 auswählen zwischen den öffentlich-rechtlichen Kanälen (z. B. ARD, ZDF, Dritte Programme) und 18 privaten Vollprogrammen, 48 privaten Spartensendern sowie 75 Pay-TV-Angeboten. Hinzu kamen noch 232 regionale und lokale Fernsehsender. Von deutschen Haushalten empfangen wurden laut Arbeitsgemeinschaft Media-Analyse e. V. (AMA) im Jahr 2014 durchschnittlich 78 TV-Sender (zum Vergleich: 1962: 1, 1988: 7) und über 390 Radiostationen (1987: 44). Bei den Printmedien sind die Auflagen der Zeitungen zwar generell rückläufig, doch immerhin erschienen 2014 laut Bundesverband der Zeitschriftenverleger 329 Tageszeitungen, 20 Wochenzeitungen und 6 Sonntagszeitungen. Nahezu unbegrenzte Möglichkeiten bietet zudem die digitale Revolution: Das Internet und die entsprechenden Social-Media-Kanäle (z. B. Facebook, Twitter, WhatsApp, YouTube, Instagram, Snapshot) verdrängen andere Medien in der Gunst der Verbraucher. Der Fernseher, früher Mittelpunkt vieler Familien und gelegentlich auch als Lagerfeuer unserer Gesellschaft bezeichnet, wird immer mehr zum Zweit- oder Drittmedium, dem neben dem Chat mit der Freundin über den Messenger von Facebook, dem „Liken" eines Videos bei YouTube oder dem Einkauf bei Amazon nur noch geteilte Aufmerksamkeit geschenkt wird. Man geht heute davon aus, dass jeder Verbraucher am Tag mit mindestens 3000 Werbebotschaften konfrontiert wird, von denen er sich nur an einen Bruchteil erinnern kann.

In einem Umfeld, in dem ein Mehr an Werbung einfach nur ein Mehr an Vergessen bedeutet, nehmen starke Marken eine besondere Position ein. Sie helfen dem Konsumenten, sich in der Warenvielfalt zurechtzufinden, und erleichtern somit das Einkaufen. Wir nennen dies die **Navigations- oder Orientierungsfunktion** starker Marken (zu den Funktionen einer Marke vgl. Meffert et al. 2002, S. 9 ff.). Man stelle sich vor, wie lange beispielsweise der Einkauf eines einfachen Joghurts dauern würde, gäbe es keine Marken, die wir durch ihr Logo oder durch sonstige Merkmale wiedererkennen würden. Wir müssten vor dem entsprechenden Kühlregal viel Zeit verbringen, um eine Entscheidung zu treffen. Die Orientierungsfunktion dürfte gerade in denjenigen Produktkategorien von hoher Bedeutung sein, in denen der Wettbewerb sehr intensiv ist, Produkte eher vergleichbar sind und denen der Konsument kein besonderes Interesse entgegenbringt. Typische Beispiele sind hier Produkte des täglichen Bedarfs, wie z. B. Schokoriegel, Toilettenpapier oder Shampoo, aber auch Handy-Verträge oder Büroartikel.

Zudem helfen uns starke Marken, unser subjektives Kaufrisiko zu reduzieren. Vergleichen wir Produkte mit dem gleichen Preis eines uns bekannten, renommierten Anbieters und eines uns unbekannten, so entscheiden wir uns in der Regel – auch wenn wir keinerlei Unterschiede in der Leistungsfähigkeit des Produktes wahrnehmen – für ersteren Anbieter. Wir gehen einfach davon aus, dass dieser vertrauenswürdiger und eher in der Lage ist, sein Leistungsversprechen einzuhalten. Diese **Risikoreduktionsfunktion** starker Marken inspirierte den Computergiganten IBM in den Achtzigerjahren zu seinem berühmten Werbeslogan: „Nobody ever got fired for buying an IBM". Vertrauen in eine Marke ist insbesondere dann wichtig, wenn es sich bei der Kaufentscheidung um eine weitreichende Investition handelt, die nicht so einfach rückgängig gemacht werden kann. Dies kann beispielsweise den Kauf einer Produktionsmaschine, die Entscheidung für eine neue Heizungsanlage, die Auswahl eines Familienfahrzeugs, den Abschluss einer Lebensversicherung oder den Erwerb eines komplexen elektronischen Geräts betreffen. Auch bei Medikamenten und Lebensmitteln dürfte die Risikoreduktionsfunktion starker Marken eine besondere Rolle spielen. Nur so lässt sich möglicherweise erklären, warum Aspirin trotz seines weitgehend identischen Wirkstoffs anderen, deutlich günstigeren Schmerztabletten häufig vorgezogen wird.

Schließlich ist auf die Funktion des **ideellen Nutzens** hinzuweisen, der durch eine starke Marke vermittelt wird. Dieser kann zwei Ausprägungen annehmen: Zum einen können Marken ihren Nutzern ein gutes Gefühl vermitteln: Putzt man seinen Haushalt mit einem Reiniger von Frosch, so tut man etwas Gutes für die Umwelt. Trinkt man das italienische Mineralwasser San Pellegrino, so denkt man an den letzten Italienurlaub oder das romantische Abendessen mit dem Partner beim Italiener. Trägt man einen handgemachten Schuh von Alden, so freut man sich jeden Morgen beim Anziehen über das schöne Material und die Handwerkskunst. Zum anderen unterstützen Markenprodukte ihre Besitzer, sich anderen gegenüber zu inszenieren und auszudrücken: Der Fahrer einer Harley Davidson zeigt seinen Freunden, dass Freiheit und Männlichkeit für ihn wichtige Werte sind. Er wird vielleicht deshalb von Menschen, die ähnlich denken, besonders geschätzt. Der Besitzer einer Musikanlage von Bang & Olufsen zeigt seinen Gästen, dass er etwas von Design versteht. Der soeben beförderte Manager, der im Meeting seinen Montblanc-Füller auf den Tisch legt, macht gegenüber seinen bisherigen Kollegen deutlich, dass er nun zum Vorstand gehört. Der ideelle Nutzen einer Marke ist bei denjenigen Produkten besonders wichtig, die entweder eine starke emotionale Positionierung aufweisen oder in der Öffentlichkeit gut sichtbar sind.

> ❯ **Auf den Punkt gebracht:** Navigations- bzw. Orientierungsfunktion, Risikoreduktionsfunktion und der ideelle Nutzen sind die Funktionen von Marken für Konsumenten und Kunden.

Doch nicht nur für Käufer und Besitzer starker Marken, sondern auch für Hersteller und Anbieter übernehmen Marken wichtige Funktionen. Grundsätzlich sollen starke Marken dazu beitragen, **Präferenzen** aufzubauen – also helfen, die eigenen Produkte für neue Kunden begehrlicher zu machen – und die **Loyalität** bestehender Kunden zu erhöhen. Um dies zu erreichen, sind heute mindestens drei Funktionen einer Marke aus Sicht des Anbieters von besonderer Bedeutung: Zunächst einmal sorgen starke Marken dafür, in einer Welt vergleichbarer Produkte anders zu sein als andere Anbieter und sich so vom Wettbewerb zu **differenzieren**. Ein gelungenes Beispiel hierfür ist die Biermarke Astra. Im Zentrum ihrer Positionierung steht nicht das kristallklare Wasser, der natürliche Brauvorgang, die große Tradition des Brauhauses oder die mit dem Biertrinken verbundene Geselligkeit. Der Marke geht es allein darum, anders zu sein, rebellisch, nicht angepasst. Der Slogan „Astra – Was dagegen?" und die schrille Kommunikation (◼ Abb. 1.1) bestärken diese Positionierung in besonderer Art und Weise.

◻ **Abb. 1.1** Beispielhafte Werbeanzeigen der Biermarke Astra (Quelle: Carlsberg Deutschland Markengesellschaft mbH)

Über die Differenzierungsfunktion, verbunden mit einer für den Kunden relevanten und zuverlässigen Leistungserbringung, entsteht eine Wahrnehmung am Markt. Diese zweite Funktion starker Marken, die **Imagefunktion**, ist deshalb für Anbieter besonders relevant, weil Marken häufig als qualitativ überlegen beurteilt werden. Die Telekom ist beispielsweise eine starke Marke im Sektor Telekommunikation und kann deshalb auch glaubhaft darstellen, dass sie qualitativ hochwertige Dienstleistungen erbringt und über „das beste Netz" verfügt. Als dritte Funktion wirken starke Marken auch nach innen und gegenüber potenziellen Mitarbeitern. Diese Funktion, sie sei hier mit dem Begriff **Stolz** umschrieben, wird häufig zu wenig gewürdigt. Denn Mitarbeiter, die sich für die Marke des eigenen Arbeitgebers begeistern, sind oft leistungswilliger, können Kunden im direkten Kontakt besser beraten und reden auch Dritten gegenüber gut über die Marke, was zu einer positiven Mund-zu-Mund-Propaganda beiträgt. Nur so ist es beispielsweise zu erklären, dass Mitarbeiter von Apple jede Eröffnung eines neuen Apple Stores gemeinsam mit ihren Kunden enthusiastisch feiern. Wer solch eine Eröffnung schon einmal erlebt hat, wird feststellen, dass man diese Begeisterung nicht per Unternehmensdirektive anordnen kann. Zudem bewerben sich bei starken

Marken oftmals die besseren Mitarbeiter. Nicht umsonst sind in den Rankings der bei Hochschulabsolventen beliebtesten Arbeitgeber stets starke Marken auf den ersten Positionen zu finden.

Die genannten Funktionen einer Marke aus Sicht der Anbieter führen häufig dazu, dass starke Marken ein **Preispremium** am Markt erzielen können. Vergleicht man nur den Verkaufspreis einer Kapsel Nespresso Kaffee mit regulärem Kaffee, so wird man feststellen, dass der Mehrpreis für die gleiche Menge bei mehreren 100 Prozent liegt. Tonerkartuschen von Hewlett Packard sind im Bürofachhandel mehr als doppelt so teuer wie vergleichbare Kartuschen unbekannter Anbieter. Schließlich sei noch eine letzte Funktion von starken und auch weniger starken Marken erwähnt, die vor allem aus einer rechtlichen Perspektive relevant ist: die **Schutzfunktion**. Marken können in Markenregister eingetragen werden und genießen somit weitgehenden Schutz vor Nachahmern und Raubkopierern.

Beispiel: Wie die Marke die Zahlungsbereitschaft beeinflusst

Ein besonders gutes Beispiel für die Mehrzahlungsbereitschaft der Kunden bei starken Marken liefert Esch (2012, S. 12 f.), der die Automarken VW Sharan, Seat Alhambra und Ford Galaxy untersuchte. Alle drei Modelle wurden in einer Fabrik gefertigt und unterschieden sich nur in Nuancen, z. B. im Design des Kühlergrills und im verwendeten Markenlogo voneinander. Doch obwohl der VW Sharan um bis zu 5000 DM teurer war als die Konkurrenz, wurden von ihm im Jahr 2001 rund 29.000 Stück verkauft, vom Ford Galaxy hingegen nur rund 24.000.

▶ **Auf den Punkt gebracht: Aus der Perspektive der Anbieter steigern starke Marken die Loyalität der Kunden, helfen beim Aufbau eines Qualitätsimages, tragen zur Erzielung höherer Preise bei und ermöglichen eine Differenzierung von vergleichbaren Angeboten. Zudem fördern sie die Identifikation von Mitarbeitern mit ihrem Arbeitgeber und machen die Unternehmen attraktiver für qualifizierte Bewerber.**

1.3 Historische Entwicklung

Marken sind ursprünglich Eigentumszeichen, wie z. B. die Brandzeichen auf Pferden oder Rindern. Nicht umsonst ist das englische Wort „brand" die Übersetzung sowohl für das Wort Marke als auch für das Wort Brandzeichen. Im betriebswirtschaftlichen Kontext dient eine Marke jedoch nicht zur Kennzeichnung des Eigentums, sondern zur Offenlegung des Leistungserbringers, also des Produzenten, Fabrikbesitzers, Serviceanbieters oder Händlers. Auch wenn sich einige Marken bzw. die zugehörigen Unternehmen zeitlich weit zurückverfolgen lassen (z. B. Franziskaner Weißbier bis in das Jahr 1363), spielten sie bis in die frühe Neuzeit als Eigenwert kaum eine Rolle. Die wenigsten Produkte trugen einen Markennamen. Der Handel war weitgehend lokal, Anbieter und Nachfrager kannten sich häufig persönlich, und der Kunde wusste aus seiner Erfahrung die Qualität vieler verfügbarer Produkte einzuschätzen. Lebensmittel wurden in Krämerläden oder auf Märkten aus Kisten, Schubläden oder Säcken verkauft, Wein und Bier aus Fässern. Vieles, vor allem Gewürze, Getreide, Kaffee, Tee oder Medikamente, wurde als „Hausmischung" dargeboten, und die Händler waren stolz auf ihre individuellen Mixturen (vgl. Paul 2004). Gebrauchsgüter wie Kleidungsstücke, Tonwaren oder Möbel wurden als Einzelstücke gefertigt und direkt beim Schneider, Töpfer oder Schreiner erworben.

Doch mit Beginn der Moderne änderte sich dies: Im Zuge des aufblühenden Handels und der einsetzenden Industrialisierung wurde die räumliche und psychische Distanz zwischen Hersteller und Kunde größer. Gleichzeitig stieg die Zahl der angebotenen Produkte. Für diejenigen Produzenten, die auf eine gehobene Qualität ihrer Waren setzten, war dies ein Problem, denn sie wurden zunehmend von billigeren Anbietern kopiert. In Deutschland entstanden dann im 18. und 19. Jahrhundert die ersten Marken, als einzelne Hersteller anfingen, ihre Namen auf Kisten und Fässer zu schreiben. Die Marke diente somit zunächst als **Herkunftsnachweis**. Die Unternehmen Lambertz (Aachener Printen), Stollwerk, Johann Maria Farina (Eau de Cologne), Zwilling und Faber-Castell sind Beispiele früher Marken, die wir heute noch kennen. Die Porzellan-Manufaktur Meißen, gegründet 1710, kann im juristischen Sinne als älteste deutsche Marke bezeichnet werden. Ihr Warenzeichen, zwei gekreuzte Schwertklingen mit einem geschwungenen Griff, prangte spätestens seit der Mitte des 18. Jahrhunderts auf allen Produkten des Hauses, um sich von anderen, weniger renommierten Anbietern und Imitaten zu unterscheiden. Am 20. Mai 1875, keine drei Wochen nach Inkrafttreten des ersten Markenschutzgesetzes des Deutschen Reichstages, wurde die Bildmarke offiziell beim Kaiserlichen Patentamt angemeldet (vgl. Paul 2004).

Hintergrund: Der Markenartikel ist eine vertrauensbildende Maßnahme

Brandmeyer und Deichsel (1991, S. 15) haben die Bedingungen, die zur Entstehung des Markenartikels führten, besonders schön umschrieben: Der Markenartikel „führt in den anonymen Warenbetrieb etwas von jenem Marktgeschehen ein, das durch die persönliche Bekanntschaft zwischen Bauer und Hausfrau einst den Kartoffeln ihre besondere Güte gab. Das ‚blinde' Vertrauen, mit dem jene Dinge von Hand zu Hand gingen, wird durch den Markenartikel neu ermöglicht." Starke Marken führten also in wettbewerbsintensiven Wirtschaftsmärkten zu einer neuen Kultur des gegenseitigen Vertrauens.

Die Entstehung früher Marken kann auch als Reaktion auf wirtschaftliche und soziale Entwicklungen dieser Zeit interpretiert werden kann. Die Hersteller setzten erstmals produktbegleitende Werbung ein, um sich direkt an die Kunden zu wenden. Die Marke trat an die Stelle persönlicher Beziehung und wurde zum guten Namen des Kaufmanns. Coca-Cola, Maggi, Underberg, Salamander, Persil, Erdal, Melitta, Kellogg's, Labello oder Nivea sind Marken, deren Entstehung auf das Ende des 19. Jahrhunderts bzw. den Beginn des 20. Jahrhunderts zu datieren ist. Sie sind gute Beispiele dafür, wie durch eine mediale Kommunikation mit dem Kunden (damals vor allem durch Plakatwerbung, z. B. auf Litfaßsäulen) Präferenzen aufgebaut wurden, die so stark waren, dass viele Händler sich quasi gezwungen sahen, diese Marken in ihrem Sortiment zu führen. Zudem bewirkte das wirtschaftliche Wachstum, dass immer mehr markierte Produkte angeboten wurden und sich folglich auch die Wirtschaftswissenschaften mit der relativ neuen Erscheinungsform der Marke beschäftigten. Die Analyse der erfolgreichsten Marken der damaligen Zeit führte zum sogenannten **merkmalsorientierten Ansatz** der Markenführung (◘ Tab. 1.2; vgl. hierzu auch Burmann et al. 2012, S. 21; Baumgarth 2014, S. 7 ff.): Produkte, die bestimmte Eigenschaften aufwiesen, wurden als Marken bzw. Markenartikel bezeichnet. In diesem Zusammenhang herrschte ein instrumentelles Verständnis der Markenführung vor: Man stelle feste Regeln auf, deren Einhaltung den Erfolg sicherstelle (Markentechnik).

Die späten Sechziger- und frühen Siebzigerjahre des 20. Jahrhunderts waren durch ein sich von einem Verkäufer- zu einem Käufermarkt wandelndes Umfeld gekennzeichnet. Immer mehr Haushalte verfügten über ein Auto, eine Waschmaschine und einen Fernseher. Erste Sättigungstendenzen bei langlebigen Gebrauchsgütern, die zunehmende Anzahl an Wettbewerbern sowie das Aufkommen von Handelsmarken bewirkten, dass sich Hersteller mit der systematischen Gestaltung des Absatzbereichs beschäftigten. Insbesondere dem Vertrieb wurde eine gesteigerte Aufmerksamkeit zuteil. Marken entwickelten sich zu einer Vermarktungsform, die eine Abgrenzung vom Wettbewerb sowie eine größere Kundennähe ermöglichte. Hierfür erschien es erstmals notwendig, in der Markenführung nicht nur die Kommunikationspolitik, sondern funktionsübergreifend auch Produktentwicklung, Preis- und Distributionspolitik zu berücksichtigen. Diese Sichtweise wird in der Markenführung durch den **funktionsorientierten Ansatz** repräsentiert.

In den weitgehend gesättigten Märkten der Achtziger- und Neunzigerjahre wurde es zunehmend schwerer, eine besondere Beziehung zum Kunden aufzubauen. Denn einerseits wurde die Qualität vieler Produkte als austauschbar erlebt und andererseits nahm die Menge an Informationen, mit denen sich die Verbraucher konfrontiert sahen, ständig zu. Vor diesem Hintergrund entwickelte sich das Image einer Marke zur zentralen Steuerungsgröße der Markenmanager. Der hierauf aufbauende **imageorientierte Ansatz** geht davon aus, dass eine Marke in den Köpfen der potenziellen Kunden entsteht. Deshalb sah man es nun als Aufgabe der Markenführung an, durch den Aufbau attraktiver Vorstellungsbilder eine eindeutige Position im Wettbewerbsumfeld zu besetzen (Positionierung) und sich über diese inneren Bilder gleichzeitig vom Wettbewerb zu differenzieren.

Doch in der zunehmend kritischen und aufgeklärten Gesellschaft der Neunzigerjahre offenbarte sich, dass eine isolierte Betrachtung des Images zur erfolgreichen Mar-

⬛ **Tab. 1.2** Entwicklungsphasen in der Markenführung

Zeitraum	Bezeich- nung	Marken- verständ- nis	Beschreibung
Bis Ende des 19. Jhd.	Frühe Ansätze der Marken- führung	Marke als Eigen- tumszei- chen und Herkunfts- nachweis	Markierte Produkte verweisen auf den Besitzer, später auf den Hersteller. Die Markierung soll Anbieter gehobener Qualität vor Imitaten schützen und den Vertrauensverlust kompensieren, der durch die Entfremdung von Hersteller und Nachfrager entsteht. Eine systematische Markenführung existiert nicht.
Ende 19. Jhd. bis Ende Sechziger- jahre	Merkmals- orientierte Ansätze	Instrumen- tell	Industrielle Massenwaren, die bestimmte Kriterien erfüllen, werden als Marke ver- standen. Zu diesen Kriterien zählen eine hohe Bekanntheit, eine breite Verfügbarkeit, einheitliche Preise, Massenwerbung sowie eine werblich gestaltete Verpackung. Die Markenführung hat die Aufgabe, das Vor- handensein dieser Kriterien sicherzustellen.
Mitte Sechziger- bis Ende Siebziger- jahre	Funktions- orientierte Ansätze	Angebots- bezogen	Eine Marke entsteht durch ein geschlos- senes Absatzsystem. Die Markenführung hat für eine Integration der verschiedenen betrieblichen Funktionsbereiche (insb. Marktforschung, Produkt, Preis, Distribu- tion, Kommunikation) zu sorgen.
Mitte Siebziger- bis Mitte Neunziger- jahre	Image- orientierte Ansätze	Nachfrage- bezogen	Eine Marke entsteht in den Köpfen der potenziellen Kunden. Markenführung be- deutet, eine eindeutige Position im Wett- bewerbsumfeld einzunehmen (Positionie- rung und Differenzierung) und gleichzeitig attraktive Vorstellungsbilder in den Köpfen der potenziellen Kunden aufzubauen.
Anfang Neunziger- jahre bis heute	Identitäts- basierte Ansätze	Bezie- hungsori- entiert	Eine Marke entsteht an der Schnittstelle von Markenidentität und Markenimage (Wechselseitigkeit). Der Erfolg einer Marke ist vor allem auf ihre Identität zurückzufüh- ren. Die Markenführung wird als integrati- ver Bestandteil der Unternehmensführung verstanden.

kenführung nicht ausreicht. Veränderte gesellschaftliche Werte, wie z. B. ein steigendes ökologisches und soziales Bewusstsein, sowie neue Medien und Kommunikationswege und daraus resultierende veränderte Anforderungen an die Unternehmen bewirkten, dass die direkte Interaktion zwischen Kunde und Unternehmen wichtiger wurde. In der Folge gewann die „Corporate Brand", also die Unternehmensmarke, zunehmend an Bedeutung. Aufseiten der Markenführung erkannte man erstmals, dass eine Marke im Unternehmen verankert sein muss, um erfolgreich nach außen zu strahlen.

Der auf dieser Idee aufbauende **identitätsbasierte Ansatz** (▶ Abschn. 1.1), der auf Grundlage verschiedener konzeptioneller Arbeiten Anfang der Neunzigerjahre entstand und in Wissenschaft und Praxis schnell Verbreitung erfuhr, gilt heute als das leistungsfähigste Managementmodell der Markenführung. Demnach werden Erfolg und Relevanz von Marken vor allem auf ihre Identität zurückgeführt, zu deren Entwicklung und Formulierung es einer starken internen Perspektive bedarf. Nicht mehr nur die Kunden, sondern alle Anspruchsgruppen (Stakeholder) der Marke – demzufolge auch Mitarbeiter, Lieferanten und die Gesellschaft – spielen hiernach in der Markenführung eine zentrale Rolle. Die markenbezogenen Aktivitäten werden über Funktions- und Unternehmensgrenzen hinweg ausgestaltet. Gemäß diesem Verständnis wird das Markenmanagement als integrativer Bestandteil der Unternehmensführung verstanden.

> ❯ **Auf den Punkt gebracht: Die Entwicklungsphasen der Markenführung lassen sich in frühe Ansätze sowie merkmalsorientierte, funktionsorientierte, imageorientierte und identitätsbasierte Ansätze unterteilen. Die identitätsbasierten Ansätze gelten heute als die leistungsfähigsten Managementmodelle der Markenführung.**

1.4   Markenorientierung als Erfolgsfaktor

Auf Basis der identitätsbasierten Markenführung (▶ Abschn. 1.1) entwickelte sich das Konzept der Markenorientierung, welches von Urde (1994, 1999) in die wissenschaftliche Diskussion eingeführt wurde und in den letzten Jahren zunehmend an Bedeutung gewonnen hat. Unter dem Begriff der Markenorientierung wird eine strategische Orientierung eines Unternehmens verstanden, welche die Verankerung der Marke im Unternehmen und die Übersetzung der Markenidentität in authentische, differenzierende und für den Kunden relevante Markenbotschaften fokussiert. Eine hohe Markenorientierung zeichnet sich dadurch aus, dass die Identität der Marke den Ausgangspunkt des unternehmerischen Denkens und Handelns darstellt (Baumgarth et al. 2011, S. 9). Dies bedeutet: Das Management legt großen Wert darauf, dass sich sämtliche Aktivitäten des Unternehmens und seiner Mitarbeiter (z. B. im Rahmen der Produktentwicklung, des Kundenmanagements oder der Distribution) in einem durch die Marke vorgegebenen Rahmen bewegen. Handlungsoptionen, wie z. B. die Erschließung potenzieller Geschäftsfelder außerhalb dieses Rahmens, werden bewusst nicht wahrgenommen. Eine mögliche Konsequenz ist, dass nicht in jedem Fall die Bedürfnisse einzelner Kunden oder auch ganzer Segmente zu befriedigen versucht wird (Baumgarth et al. 2011, S. 9).

┌─ Merke! ──

Unter dem Begriff **Markenorientierung** wird eine strategische Orientierung eines Unternehmens verstanden, welche die Verankerung der Marke im Unternehmen und die Übersetzung der Markenidentität in authentische, differenzierende und für den Kunden relevante Markenbotschaften fokussiert.

Das Konzept der Markenorientierung steht in einem gewissen Gegensatz zum Konzept der Kundenorientierung, dem klassischen Ansatz des Marketing, dessen vorrangiges Ziel „die Erfüllung des speziellen Kundennutzens bzw. der Erwartungen der Kunden" ist (Bruhn 1999, S. 7). Kunden- und Markenorientierung unterscheiden sich fundamental in der Frage, wie Wettbewerbsvorteile generiert werden können. Während die Kundenorientierung nach Möglichkeiten sucht, aktuelle und zukünftige Bedürfnisse der Konsumenten optimal, aber gewinnbringend zu befriedigen und zu übertreffen, sucht die Markenorientierung die Antwort auf folgende Fragen: Welche Produkte und Dienstleistungen passen zu unserer Identität, wie können wir uns von unseren Wettbewerbern abheben und welche Zielgruppen können wir für uns begeistern?

Ein gutes Beispiel für ein markenorientiertes Unternehmen ist Apple. Dessen Markenidentität – charakterisiert durch Merkmale wie Nutzerfreundlichkeit, Design und Lifestyle – bildet den Ausgangspunkt für jegliches Verhalten des Unternehmens (Baumgarth et al. 2011, S. 11). Es ist nur schwer vorstellbar, dass Apple Produkte auf den Markt brächte, die nicht diesem Anspruch genügten, selbst wenn damit Umsätze zu generieren wären. Weitere Beispiele für eine hohe Markenorientierung bieten die Unternehmen BMW und Body Shop. So richtet BMW seine Aktivitäten konsequent darauf aus, Freude am Fahren zu vermitteln. Die Entwicklung eines Fahrzeugtyps, wie z. B. eines Vans, der eher für Praktikabilität als für Vergnügen steht, war deshalb lange Zeit undenkbar und wurde in der jüngsten Vergangenheit nur mit größter Sorgfalt vorangetrieben. Body Shop nahm lange Zeit für sich und seine Lieferanten in Anspruch, vollständig auf Tierversuche zu verzichten. Nach der Übernahme durch L'Oreal hatte Body Shop dann mit einem Glaubwürdigkeitsproblem zu kämpfen. Heute orientiert sich die Marke wieder stark an seiner ursprünglichen Positionierung (Urde et al. 2011, S. 17).

Bezüglich der Frage, inwieweit sich die Markenorientierung eines Unternehmens auf dessen Erfolg auswirkt, weist eine Vielzahl von Studien einen positiven Zusammenhang nach (vgl. Baumgarth 2009, 2010; Bridson und Evans 2004; Gromark und

Melin 2011; Napoli 2006; Wong und Merrilees 2005, 2008). Dies ist umso bemerkenswerter, da es sich um Studien in unterschiedlichen Branchen und Kontexten handelt.

Beispiel: Markenorientierung der Destinationsmarke Kitzbühel

Der wachsende globale Wettbewerb macht es auch für Destinationen unabdingbar, sich abzugrenzen und ein eigenständiges Profil zu entwickeln. Dies galt vor dem Hintergrund der Wirtschaftskrise Ende des vergangenen Jahrzehnts auch für die Premiumdestination Kitzbühel. Dabei sollte die Marke von innen nach außen – und nicht umgekehrt – aufgeladen werden. Für den bekannten Ferienort in Tirol, der auch von vielen Prominenten besucht wird, bedeutete dies die intensive Beschäftigung mit der eigenen Marke. Man machte sich in einem aufwendigen Projekt daran, die charakteristischen Kernwerte der Marke Kitzbühel gemeinsam in einem Team von Vertretern aller Anspruchsgruppen (Einzelhandel, Hotellerie, Gastronomie, Stadt/Gemeinde, Handwerker etc.) zu eruieren. Diesem Prozess folgte die Verdichtung der Erkenntnisse hin zu einer Positionierung. Im Zentrum der neu erarbeiteten Positionierung stand die Rückbesinnung auf Legenden, die Kitzbühel in der Vergangenheit zu seiner Reputation verholfen haben. Diese Legenden, verkörpert oftmals durch berühmte Sportler und ihre Wettbewerbe, wurden zum zentralen Thema erhoben. „Kitzbühel – die legendärste Sportstadt der Alpen" avancierte zur Kernaussage, der neue Claim „Kitzbühel – The Legend" baute hierauf auf.

In der Folge wurde die Markenpositionierung sehr stringent mit der Produktpolitik der Tourismusplaner verzahnt: Der Sport sollte ein Charakteristikum für Kitzbühel bleiben – und zwar nicht nur durch das bekannte Hahnenkamm-Skirennen im Winter. Weitere Sportereignisse wie das Internationale Tennisturnier, der Snow Polo World Cup, die Kitzbüheler Alpenrallye, das bestbesetzte Fußball-Nachwuchsturnier Europas, das Golf-Festival, das KitzAlpBike Mountainbike Festival, zahlreiche Triathlon-Meisterschaften sowie viele weitere Veranstaltungen wurden wiederbelebt oder neu inszeniert. Des Weiteren führte Kitzbühel die 3-Jahreszeiten-Saison (Sommer, Herbst, Winter) ein, da sich Premium-Angebote im Sport eben nicht nur im Winter realisieren lassen, und erweiterte das Eventkonzept um Premiumveranstaltungen außerhalb des Sports. Zwei beispielhafte Werbeanzeigen finden sich in ◼ Abb. 1.2.

Kitzbühel geht bei der Produktentwicklung folglich einen anderen Weg, als dies eine rein kundenorientierte Destination tun würde: Während letztere nach außen schaut, um Produktinnovationen zu generieren, die den Bedürfnissen der aktuellen und potenziellen Gäste entsprechen, leitet die eher markenorientierte Destination Kitzbühel neue touristische Angebote aus dem eigenen Selbstverständnis ab und platziert diese so am Markt, dass sie von potenziellen Zielgruppen als attraktiv und anziehend empfunden werden. Dennoch versteht es sich von selbst, dass Marken- und Kundenorientierung keine gegensätzlichen Konzepte darstellen, sondern sich im Idealfall ergänzen.

◻ Abb. 1.2 Beispielhafte Werbeanzeigen der Destinationsmarke Kitzbühel (Quelle: Kitzbühel Tourismus)

1.5 Institutionelle Perspektiven zur Marke

Mit Blick auf die unterschiedlichen Marktteilnehmer hat die Markenführung mindestens zwischen den folgenden fünf Gruppen zu unterscheiden und folglich ihre Zielrichtung und Instrumente entsprechend anzupassen: Konsumgütermärkte, Business-to-Business-Sektor (B-to-B), Dienstleistungsbranche, Handel, Online-Handel & New Economy sowie Not-for-Profit-Unternehmen.

Konsumgütermärkte gelten als die klassische Heimat der Markenartikel. Für die Konsumenten stehen häufig der ideelle Nutzen einer Marke sowie ihre Orientierungsfunktion im Vordergrund. Für die Anbieter zählen in vielen Produktbereichen die Differenzierung vom Wettbewerb, der Aufbau eines spezifischen Images und die Generierung eines Preispremiums zu den wichtigsten markenbezogenen Zielen. Häufig genutzte Instrumente der Markenkommunikation sind Mediawerbung, Public Relations, Sponsoring und Social Media Marketing. Auch das multisensuale Marketing, also die differenzierte Ansprache des Kunden über alle fünf Sinne, gewinnt auf Konsumgütermärkten zunehmend an Bedeutung (Kilian 2010, S. 42).

Die lange vorherrschende Vermutung, dass Marken jenseits des Endverbrauchers nur eine untergeordnete Rolle spielen, gilt heute als widerlegt. Auch im klassischen **B-to-B-Sektor** (z. B. Maschinenbauer, Zulieferindustrie, Chemiekonzerne) scheinen Marken erfolgsrelevant zu sein. Die Berater von McKinsey fanden heraus, dass 27 Prozent der Entscheidungen von B-to-B-Einkäufern von der Markenstärke des Anbieters und der Qualität seiner Kommunikation beeinflusst werden. Erstaunlicherweise wird der Einfluss des Preises ebenfalls mit 27 Prozent beziffert. Von besonderer Bedeutung ist hier aber insbesondere die Risikoreduktionsfunktion einer Marke: 42 Prozent der von McKinsey befragten Einkäufer gaben an, der Hauptgrund ihrer Entscheidung für eine starke Marke sei, dass sie das Risiko eines Fehlkaufs dann als geringer erachten. Zudem erhoffen sich 18 Prozent einen positiven Image-Effekt für das eigene Unternehmen (McKinsey 2015). In denjenigen Bereichen des B-to-B-Geschäfts, die ihrer Charakteristik nach eher Konsumgütern ähneln (z. B. Büroartikel, Werbegeschenke), dürfte zudem die Orientierungsfunktion einer Marke eine große Rolle spielen. Die Anbieter des B-to-B-Sektors wollen mit ihren Marken vor allem eine positive Reputation aufbauen, die Loyalität der Kunden und Mitarbeiter stärken sowie als Arbeitgeber für potenzielle Fachkräfte attraktiv sein (▶ Employer Branding).

Die Instrumente der Markenführung sind im B-to-B-Sektor vielschichtig. Da viele dieser Unternehmen intensiv mit ihren Kunden im Rahmen von Produktentwicklung, Angebotserstellung und Realisierung eines Auftrags zusammenarbeiten, also eine vielfrequentierte Schnittstelle zwischen beiden Unternehmen besteht, dürfte es in diesem Umfeld besonders wichtig sein, über Maßnahmen des Internal Branding (▶ Abschn. 4.2) ein Verantwortungsgefühl der Mitarbeiter der Marke gegenüber aufzubauen und in der Folge markenorientiertes Verhalten sicherzustellen. Klassische B-to-B-Unternehmen (z. B. Maschinenbauer, Zulieferer) nutzen insbesondere den persönlichen Verkauf, Messen, Ausstellungen und Events sowie auch die Kommunikation in Fachmedien zum Markenaufbau.

Bei der **Dienstleistungsbranche** muss zunächst zwischen den konsumtiven und den investen Dienstleistungen unterschieden werden. Konsumtive Dienstleistungen sind solche, die auf den privaten Sektor gerichtet sind (z. B. private Flugreise, Haftpflichtversicherung, Transport eines privaten Pakets, Friseur). Im Gegensatz dazu werden investe Dienstleistungen für andere Unternehmen erbracht (z. B. Unternehmensberatung, Gebäudereinigung, Leasing von Firmenfahrzeugen). Da Dienstleistungen nicht tangibel sind, ihre Leistungsfähigkeit vor Erbringung der Dienstleistung nicht direkt beurteilt werden kann (man kann sich nicht probeweise die Haare schneiden lassen), ist sowohl für konsumtive als auch investe Dienstleistungen die Risikoreduktionsfunktion der Marke von entscheidender Bedeutung. Einem Frisör, der sich auf seinem lokalen Markt zu einer starken Marke entwickelt hat, traut man wahrscheinlich eher als anderen zu, modisch auf dem aktuellen Stand zu sein und sein Handwerk zu beherrschen. Ein berühmtes Beratungsunternehmen mit einer starken Marke erhält sicherlich eher den Auftrag zur Restrukturierung eines Großkonzerns als der noch junge Wettbewerber, der ggf. genauso kompetent ist, dies aber bisher nicht ausreichend unter Beweis stellen konnte.

Auch die Bedeutung des Internal Branding ist für beide Dienstleistungsarten unbestritten hoch, da Services von Menschen erbracht werden und das Verhalten der Mitarbeiter für viele Kunden die wichtigste Informationsquelle über die Ausrichtung der Marke des Anbieters darstellt. Verhält sich die Stewardess freundlich, ist die Chance hoch, dass auch die Airline insgesamt als freundlich wahrgenommen wird. Ist der Mitarbeiter der Unternehmensberatung ein Querdenker, wird vielleicht die Beratung insgesamt als unkonventionell beurteilt. Bei den sonstigen Maßnahmen des Markenaufbaus ist jedoch zwischen den Dienstleistungsarten zu unterscheiden: Für Serviceanbieter auf Konsumgütermärkten ist neben der Risikoreduktions- auch die Orientierungsfunktion einer starken Marke relevant. Außerdem setzen diese Anbieter mit Mediawerbung, Public Relations, Sponsoring und Social-Media-Marketing eher Kommunikationsinstrumente ein, die auch von Anbietern von Konsumgütern genutzt werden. Serviceanbieter auf B-to-B-Märkten hingegen nutzen tendenziell stärker Instrumente der B-to-B-Markenführung.

Die von den Anbietern starker Dienstleistungsmarken mit ihrer Markenführung verfolgten Ziele sind durchaus vielschichtig. Wie zuvor dargestellt, können Marken unter anderem eingesetzt werden, um „Leitplanken" des markenkonformen Verhaltens zu definieren. Neben dieser internen Perspektive investieren viele Dienstleister aber auch in ihre Marken, um die Kundenloyalität zu steigern, um ein spezifisches Image aufzubauen oder um ein Preispremium zu erzielen.

Der **traditionelle Handel** ist in den letzten Jahren verstärkt zum Anbieter eigener Marken geworden. Im März 2010 befragten die Lebensmittelzeitung und das Aachener Marktforschungsunternehmen Dialego im Rahmen des 3. Handelsmarkenmonitors 1000 Bundesbürger zu ihrer Einstellung und ihrem Kaufverhalten bezüglich Handelsmarken (LZ 2015). Die Ergebnisse waren überraschend: 37 Prozent der Befragten gaben an, dass sie Handelsmarken den Markenprodukten vorziehen. 2008 lag diese Zahl noch bei 30 Prozent. Des Weiteren sahen 53 Prozent der Konsumenten Handelsmarken als hochwertig an (2008: 47 Prozent), und 23 Prozent der Befragten beurteilten Handelsmarken sogar als glaubwürdiger als Markenprodukte (2008: 17 Prozent). Die Handelsmarke ist also zu einem echten Wettbewerber des klassischen Markenartikels geworden.

Auch den Handelsunternehmen gelingt es immer besser, zur Marke zu werden. So findet sich Aldi auf Platz 18 der wertvollsten deutschen Marken (◻ Tab. 1.1). Lidl folgt auf Platz 24, Edeka auf Platz 27 und MediaMarkt auf Platz 33. Die Marke übernimmt hier für den Konsumenten eine starke Orientierungsfunktion: Er verlässt sich beispielsweise darauf, dass Marken wie Aldi oder MediaMarkt gute Produkte zu einem sehr günstigen Preis anbieten. Die Handelsorganisationen verfolgen mit ihrem Markenaufbau vor allem das Ziel, die Kundenloyalität zu steigern. Zum Markenaufbau nutzen sie insbesondere Mediawerbung, Promotions und Aktionen am Point-of-Sale.

Auch für **Online-Händler** wie Amazon oder Zalando und andere Unternehmen der **New Economy** wie Google, eBay oder Uber ist die Markenführung relevant, hier stehen insbesondere die Orientierungs- und die Risikoreduktionsfunktion im Blickpunkt. Die Zielsetzungen sind dabei mit denen des Handels vergleichbar. Als Instrumente des Markenaufbaus werden vor allem Mediawerbung sowie Social-Media-Marketing genutzt.

Schließlich wird es auch für **Not-for-Profit-Unternehmen** immer wichtiger, sich mit der eigenen Marke zu beschäftigen. Die Anbieter verfolgen mit ihren Markenstrategien das Ziel, sich ein spezifisches Image aufzubauen und loyale Kunden – in diesem Fall Unterstützer – an sich zu binden. Als Instrumente des Markenaufbaus werden vor allem Social-Media-Marketing, Public Relations und Direktmarketing genutzt. Dabei übernehmen Marken dieser Bereiche für den Konsumenten zuvorderst eine Risikoreduktions- und eine Orientierungsfunktion. Ersteres bedeutet beispielsweise, dass potenzielle Spender das Gefühl haben, dass ihr Geld an den richtigen Stellen ankommt. So haben viele Menschen ein besseres Gefühl, wenn sie für ein Projekt der Caritas oder der Ärzte ohne Grenzen spenden, als wenn sie eine unbekannte Hilfsorganisation unterstützen, auch wenn diese vielleicht genauso qualifiziert ist. Die Orientierungsfunktion hilft sozialen Organisationen, aus der Menge vergleichbarer Anbieter herauszustechen. Ein Brief mit einem Spendenaufruf von Misereor, Aktion Mensch oder SOS Kinderdorf wird eher Beachtung finden als der Flyer eines unbekannten Hilfsprojekts.

Doch auch der ideelle Nutzen einer starken Marke darf im sozialen Sektor nicht vernachlässigt werden: Die Unterstützung einer entsprechenden Organisation kann Spendern einerseits das Gefühl vermitteln, etwas Gutes zu tun. Dies entspricht dann einem ideellen, persönlichen Nutzen „nach innen", weil er der gebenden Person für ihr Selbstbild wichtig ist. Das Engagement in Bezug auf eine bestimmte soziale Organisation kann aber andererseits auch dazu beitragen, einen sozialen Nutzen „nach außen" zu generieren. So kann es beispielsweise sein, dass man durch die eigene Spende oder die persönliche Teilnahme an einer Aktion anderen gegenüber etwas ausdrücken will. Die im Sommer 2014 vieldiskutierte „ALS Ice Bucket Challenge", die auf die Nervenkrankheit Amyotrophe Lateralsklerose (ALS) aufmerksam machte und Spendengelder für deren Erforschung und Bekämpfung generierte, war vielleicht gerade deshalb so erfolgreich. Wurde man von einem Freund in einem sozialen Netzwerk für die ALS Ice Bucket Challenge nominiert, so musste man entweder 10 Euro an die Organisation ALS spenden oder sich einen Kübel mit Eiswasser über den Kopf gießen. Viele Teilnehmer machten beides! Die Aktion wurde ein riesiger Erfolg mit unzähligen Nominierungen und Videos auf Facebook und einer hohen Spendensumme. Einigen der Teilnehmer ging es wahrscheinlich gerade darum, öffentlich darzustellen, wie häufig man zur Teilnahme nominiert wurde. Je häufiger man nominiert war und je „cooler" man mit der Nominierung umging, umso angesehener war man unter seinen Facebook-Freunden.

> **Auf den Punkt gebracht: Ziele und Instrumente der Markenführung unterscheiden sich je nach Branche und Marktsituation.**

1.6 Bezugsrahmen der Markenführung

Die wissenschaftliche Literatur hält eine Vielzahl von Vorschlägen bereit, welche Prozessschritte zu durchlaufen sind, um Marken erfolgreich aufzubauen und zu pflegen. Einen der ersten strukturierten und bis heute bekanntesten Ansätze lieferte der amerikanische Markenberater und Professor David A. Aaker (1996) mit dem „Brand Identity Planning Model". Aaker schlägt vor, in einem ersten Schritt, der „Strategic Brand Analysis", eine Analyse der Marke selbst, des Wettbewerbsumfeldes und der Kunden durchzuführen. Hierauf aufbauend ist sodann in einem zweiten Schritt, dem „Brand Identity Planning System", die Identität der Marke und das Wertangebot an den Kunden zu definieren. Das „Brand Identity Implementation System" umfasst die übrigen drei Schritte: Der dritte Schritt beinhaltet die Positionierung der Marke, im vierten Schritt werden die Maßnahmen festgelegt, die es im Rahmen der Markenführung zu ergreifen gilt. Der fünfte und letzte Schritt umfasst die Überprüfung und ggf. die Adaption der eingeleiteten Maßnahmen.

Seit Aakers „Brand Identity Planning Model" wurden viele Prozessmodelle entwickelt, die Anregungen für das Betreiben einer systematischen Markenführung geben (vgl. u. a. Burmann et al. 2012, S. 92; Esch 2012, S. 91; de Chernatony 2010, S. 100; Perrey und Meyer 2011, S. 97 ff.; Burmann und Meffert 2005, S. 75 ff.). Viele dieser Ansätze unterscheiden sich jedoch nur wenig voneinander. In Anlehnung an Aaker und seine Vorgänger basieren sie überwiegend auf einer Unterteilung der Prozessschritte in die klassischen Projektphasen Analyse, Strategie, Umsetzung und Kontrolle. Auch die inhaltliche Ähnlichkeit der unterschiedlichen Ansätze ist frappierend. So ist auch der nachfolgend zu diskutierende Ansatz nicht grundsätzlich neu: Er basiert gleichfalls auf Aakers Überlegungen, greift jedoch weiterführende Vorschläge anderer Autoren auf und integriert diese in einen Bezugsrahmen der Markenführung, der in ◘ Abb. 1.3 dargestellt ist.

Der Bezugsrahmen kommt dann ins Spiel, wenn ein Unternehmen im Rahmen seiner wettbewerbsstrategischen Grundausrichtung diejenige der Qualitätsführerschaft und Differenzierung verfolgt und entschieden hat, mit Marken zu arbeiten (Schmidt 2015). Seine erste Phase, die **Markensituationsanalyse,** kann in drei Teilschritte untergliedert werden: eine Eigen-Analyse der Marke, eine Analyse der Wettbewerber sowie eine Sichtung und Bewertung der Kundenbedürfnisse, relevanter Umweltbedingungen und Megatrends. Die Eigen-Analyse der Marke fokussiert dabei einerseits auf die Identifizierung der Eigenschaften, durch die sich die Marke in ihrer Innensicht, d. h. nach Meinung von Führungskräften, Mitarbeitern und Kapitalgebern, auszeichnet. Andererseits bezieht sie die externe Markenwirkung mit ein, indem sie die Sicht von Kunden, Lieferanten und Öffentlichkeit auf die Marke untersucht: Wie wird die Marke

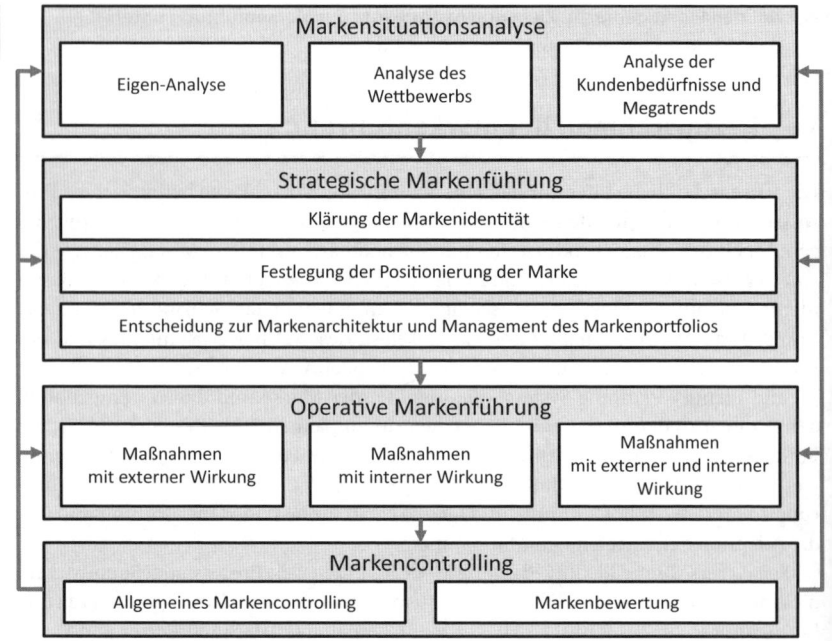

■ **Abb. 1.3** Bezugsrahmen der Markenführung

von außen wahrgenommen? Welche Werte und Attribute kann sie glaubhaft besetzen? Wodurch begeistert sie ihre Kunden und ggf. auch Nicht-Kunden? Beide Sichtweisen, die interne und die externe, werden benötigt, um im folgenden Schritt die Markenidentität ableiten zu können. Weiterhin beschäftigt sich die Markensituationsanalyse mit der Fragestellung, wie der Wettbewerb seine Marken positioniert. Dieses Wissen ist notwendig, um sich im Zuge der Markenpositionierung von vergleichbaren Angeboten der Konkurrenz abzuheben. Schließlich muss die Markensituationsanalyse die Frage beantworten, welche Kundenbedürfnisse, Umweltbedingungen und gesellschaftlichen Megatrends für die Marke relevant sind. Auch diese Informationen werden bei der Festlegung einer geeigneten Positionierung herangezogen.

Die zweite Phase des Bezugsrahmens bezeichnen wir als **strategische Markenführung**. Sie beinhaltet zunächst die Klärung der Markenidentität. Das Wort „Klärung" wurde hier ausdrücklich gewählt, da es nicht darum geht, eine zielgerichtete Perspektive im Sinne eines wünschenswerten Zukunftsbildes einzunehmen. Vielmehr gilt es, sich auf Basis eines identitätsorientierten Verständnisses (▶ Abschn. 1.1) der eigenen Markenidentität bewusst zu werden. Welche Werte und Attribute verdichten sich in der Marke? Wofür steht die Marke wirklich – und zwar unter Berücksichtigung der internen und der externen Perspektive? Wenn die Marke eine Person wäre, wie könnte man ihr Wesen beschreiben, ohne allein die Position der Person oder lediglich die Wahrnehmung ihrer Umwelt zugrunde zu legen? Wir verstehen den Begriff Identität in diesem Zusammenhang als mentalen Ort, an dem die Eigenwahrnehmung und die Erwartungen der Umwelt ausbalanciert werden. Weiterhin beinhaltet die strategische Markenführung die Entscheidung über eine Markenpositionierung. Unter Markenpositionierung versteht man die aktive und bewusste Kommunikation der Markenidentität oder bestimmter Teilbereiche dieser Identität. Schließlich beinhaltet diese Phase der Markenführung auch eine Entscheidung über die Markenarchitektur. Hierzu zählt beispielsweise die Entscheidung, ob ein Unternehmen seine Produkte unter einem Markendach bündelt oder mit unterschiedlichen Produktmarken am Markt agiert. Auch Fragen zum Management des Markenportfolios gehören dazu, wie beispielsweise die Entscheidung über die „Dehnung" einer Marke in eine neue Produktkategorie oder die Einführung einer neuen Marke.

Die **operative Markenführung**, die dritte Phase unseres Bezugsrahmens, umfasst alle konkreten Maßnahmen, die zum Aufbau und zur Pflege einer starken Marke beitragen sollen. Welche strategischen Handlungsfelder müssen bearbeitet werden, um die erarbeitete Positionierung der Marke zu stärken? Hier gilt es, die wesentlichen Schritte zu definieren, um die Positionierung sichtbar und erlebbar zu machen. Grundsätzlich können alle unternehmerischen Entscheidungen als Aktivitäten der Markenführung bezeichnet werden, sofern sie einen Bezug zur Marke aufweisen. Sie können dabei eine externe, eine interne oder eine kombinierte Wirkung haben. Im Rahmen dieses Grundlagenwerks beschränken wir uns dabei auf die Darstellung ausgewählter Erkenntnisse zu den Themengebieten Markenstilistik und Branding, Management der Markenkontaktpunkte, Interne Markenführung, Markenführung in sozialen Medien sowie Markenführung in globalen Märkten. Diese halten wir für besonders relevant.

Die vierte Phase des in ◼ Abb. 1.3 dargestellten Bezugsrahmens bildet das **Markencontrolling**. Hierunter versteht man die Informationsversorgung der Markenverantwortlichen sowie eine Bewertung des Erfolgsbeitrags der Marke und einzelner Markenführungsaktivitäten. Wir unterscheiden dabei zwischen Instrumenten des allgemeinen Markencontrolling und Ansätzen der Markenbewertung.

> **Auf den Punkt gebracht: Die Markenführung lässt sich in mehrere Phasen unterteilen. Häufig bestehen diese aus der Markensituationsanalyse (▶ Kap. 2), der strategischen Markenführung (▶ Kap. 3), der operativen Markenführung (▶ Kap. 4) und dem Markencontrolling (▶ Kap. 5).**

Das vorliegende Buch ist so aufgebaut, dass jeder Phase des Bezugsrahmens ein Kapitel gewidmet ist. In jedem dieser Kapitel werden die wichtigsten themenrelevanten Erkenntnisse aus Wissenschaft und Praxis in komprimierter Form dargestellt.

1.7 **Lern-Kontrolle**

Kurz und bündig

Megatrend Marke. Marken sind ein wichtiger Erfolgsfaktor der unternehmerischen Tätigkeit. Sie sind als Bilder in den Köpfen der Kunden und als Leistungsspeicher mit spezifischen Merkmalen zu verstehen, die eine nachhaltige Differenzierung bewirken. Den Aufbau und die Pflege von Marken bezeichnet man als Markenführung oder auch Markenmanagement. Für den Konsumenten übernehmen Marken drei wesentliche Funktionen: die Risikoreduktionsfunktion, die Orientierungsfunktion und den Aufbau eines ideellen Nutzens. Unternehmen wollen mit Marken vor allem einen Mehrpreis erzielen, ein positives (Qualitäts-) Image aufbauen, sich differenzieren, attraktiver für Mitarbeiter und Bewerber werden und die Kundenloyalität steigern.

❷ Let's check

1. Warum hat das Thema Marke in den letzten Jahren stark an Bedeutung gewonnen?
2. Was versteht man unter einer Marke? Welche unterschiedlichen Perspektiven kann man einnehmen, um den Begriff Marke zu definieren?
3. Was versteht man allgemein unter dem Begriff Markenführung?
4. Erläutern Sie den Grundgedanken der identitätsbasierten Markenführung. Was versteht man in diesem Zusammenhang unter einer „Outside-in-Perspektive", unter einer „Inside-out-Perspektive" sowie unter den Begriffen Markenidentität, Markenimage und Positionierung?
5. Was sind heute die wichtigsten Rahmenbedingungen, die die Markenführung berücksichtigen muss? Inwiefern wirken sich diese Rahmenbedingungen auf Marken aus?
6. Welche Entwicklungsphasen durchlief die Markenführung? Erläutern Sie das jeweilige Markenverständnis und beschreiben Sie die einzelnen Phasen.
7. Was versteht man unter dem Konzept der Markenorientierung? Nennen Sie ein Beispiel eines markenorientierten Unternehmens und erläutern Sie an diesem Beispiel, was Markenorientierung beinhaltet.
8. Welche Funktionen übernehmen Marken für ihre Kunden? Welche unterschiedliche Bedeutung haben diese Funktionen in Konsumgütermärkten, im B-to-B-Sektor, im Dienstleistungsbereich, im Handel, bei Unternehmen der New Economy und bei sozialen Organisationen?
9. Welche Ziele verfolgen Unternehmen mit ihrer Markenführung und wie unterscheiden sich diese Zielsetzungen in unterschiedlichen Märkten?
10. Was sind die wesentlichen Elemente eines Bezugsrahmens der Markenführung? In welche Phasen kann die Markenführung unterteilt werden? Nennen Sie beispielhafte Aktivitäten und ordnen Sie diese den Phasen Ihres Bezugsrahmens zu.

❓ Vernetzende Aufgaben

- ▬ Überlegen Sie, welche Marken Sie persönlich faszinieren und warum Sie diese Marken gut finden. Welche Beziehung haben Sie zu Ihren Lieblingsmarken? Warum bevorzugen Sie diese gegenüber anderen, die vergleichbare Bedürfnisse befriedigen? Sind die Gründe für Ihre Präferenzen nur rationaler oder auch emotionaler Natur?
- ▬ Als Hellmann (2003, S. 16; ▶ Abschn. 1.1) von der Ausweitung der Markenzone sprach, meinte er dies durchaus kritisch. Im Hinblick auf soziale Organisationen, Parteien oder kulturelle Einrichtungen wie Theater und Museen: Was spricht für deren Aufbau als Marke, welche Gründe könnten dagegen sprechen?

❶ Lesen und Vertiefen

- – Domizlaff, H. (2005): *Die Gewinnung des öffentlichen Vertrauens*. 7. Aufl., Hamburg: Marketing Journal.

  Hans Domizlaff, der bereits in den Zwanzigerjahren des vergangenen Jahrhunderts als Werbepsychologe und Markenberater wirkte, hat unser Denken über Marken stark beeinflusst. Er gilt als Begründer der Markentechnik, und viele seiner Thesen sind auch heute noch erstaunlich aktuell. Sein bekanntestes Buch, „Die Gewinnung des öffentlichen Vertrauens – ein Lehrbuch der Markentechnik" erschien in der ersten Auflage im Jahr 1939. Wer sich mit Marken beschäftigt, muss dieses Grundlagenwerk lesen.

- – Brandmeyer, K., & Deichsel, A. (1991): *Die magische Gestalt. Die Marke im Zeitalter der Massenware*. Hamburg: Marketing Journal.

  Dieses nicht immer einfach zu lesende Büchlein schlägt einen Bogen von Karl Marx bis zum Kleinen Prinzen des Antoine de Saint-Exupéry und verbindet beide mit dem Thema Marke. Wer wirklich verstehen will, warum Marken entstanden sind, wie sie wirken und welchen Gefahren sie ausgesetzt sind, sollte sich unbedingt die Zeit nehmen. Beide Autoren sind renommierte Marken- und Kommunikationsberater sowie Soziologen. Insbesondere Brandmeyer gilt als graue Eminenz der Markenführung in Deutschland.

- – Kilian, K. (2009): *Marke unser. Branding zwischen höllisch gut und himmlisch verwegen*. Würzburg: ▶ www.markenlexikon.com

  Mit einem Augenzwinkern präsentiert Karsten Kilian Erfolgsgeschichten der Markenführung, von Apple über Harley Davidson bis Rolex. Kilian betreibt das Internetportal Markenlexikon, auf dem vielfältige Informationen über Marken gesammelt werden (▶ www.markenlexikon.com).

- – Burmann, Chr., Halaszovich, T., & Hemmann, F. (2012): *Identitätsbasierte Markenführung. Grundlagen – Strategie – Umsetzung – Controlling*. Wiesbaden: Springer Gabler.

  Christian Burmann gilt als einer der Wegbereiter der identitätsbasierten Markenführung im deutschsprachigen Raum. Mit seinen Co-Autoren gibt er hier eine kompakte, aber dennoch umfassende Einführung.

Literatur

Aaker, D. A. (1996). *Building Strong Brands*. New York et al.: The Free Press.

asw (2008). Wir müssen dafür sorgen, dass die Marke FC Bayern hell leuchtet. *absatzwirtschaft, (8)*, 16.

BASF (2014). *Pressemitteilung vom 03.09.2014*. http://www.basf.at/ecp2/Press_releases_oesterreich/2014-09-03. Zugegriffen: 10. Januar 2015

Baumgarth, C. (2009). Brand Orientation of Museums. *International Journal of Arts Management, 11*(3), 30–45.

Baumgarth, C. (2010). Living the Brand: Brand Orientation in the Business-to-Business Sector. *European Journal of Marketing, 44*(5), 653–671.

Baumgarth, C. (2014). *Markenpolitik: Markentheorien, Markenwirkungen, Markenführung, Markencontrolling, Markenkontexte* (4. Aufl.). Wiesbaden: Springer Gabler.

Baumgarth, C., Merrilees, B., & Urde, M. (2011). Kunden- oder Markenorientierung – Zwei Seiten einer Medaille oder alternative Routen? *Marketing Review St. Gallen, (01)*, 8–13.

Brandmeyer, K., & Deichsel, A. (1991). *Die magische Gestalt. Die Marke im Zeitalter der Massenware*. Hamburg: Marketing Journal.

Brandmeyer, K., & Schmidt, M. (1999). Der genetische Code der Marke als Management-Werkzeug. In K. Brandmeyer, & A. Deichsel (Hrsg.), *Jahrbuch der Markentechnik 2000/2001* (S. 71–89). Frankfurt am Main: Deutscher Fachverlag.

Bridson, K., & Evans, J. (2004). The secret of a fashion advantage is brand orientation. *International Journal of Retail & Distribution Management, 32*(8), 403–411.

Bruhn, M. (1999). *Kundenorientierung. Bausteine eines exzellenten Unternehmens*. München: DTV.

Burmann, C., & Meffert, H. (2005). Managementkonzept der identitätsorientierten Markenführung. In H. Meffert, C. Burmann, & M. Koers (Hrsg.), *Markenmanagement* (2. Aufl. S. 73–114). Wiesbaden: Gabler.

Burmann, C., Halaszovich, T., & Hemmann, F. (2012). *Identitätsbasierte Markenführung*. Wiesbaden. Gabler: Springer.

de Chernatony, L. (2010). *From Brand Vision to Brand Evaluation* (3. Aufl.). Burlington: Elsevier.

de Chernatony, L., McDonald, M., & Wallace, E. (2011). *Creating Powerful Brands* (4. Aufl.). Oxford: Taylor & Francis.

Domizlaff, H. (2005). *Die Gewinnung des öffentlichen Vertrauens* (7. Aufl.). Hamburg: Marketing Journal.

Esch, F. R. (2012). *Strategie und Technik der Markenführung* (7. Aufl.). München: Vahlen.

Esch, F. R. (2014). Die Zukunft der Marke. *transfer, 60*(2), 70–77.

FAZ (2014). Störenfried Harting. (06. Oktober 2014). *Frankfurter Allgemeine Zeitung*, S. 35.

Freitag, M., & Katzensteiner, T. (2013). *Magier aus Maranello*. http://www.manager-magazin.de/magazin/artikel/ferrari-die-heisseste-automarke-der-welt-a-908806-7.html. Zugegriffen: 10. Januar 2015

Gromark, J., & Melin, F. (2011). The underlying dimensions of brand orientation and its impact on financial performance. *Journal of Brand Management, 18*(6), 394–410.

Handelsblatt (2014). Die Marke muss sichtbar bleiben. (19. Mai 2014). S. 24.

Hans Domizlaff Archiv (2015). http://www.hans-domizlaff-archiv.de/index.php?markentechnik. Zugegriffen: 09.01.2015

Harter, G., Koster, A., Peterson, M., & Stomberg, M. (2005). *Managing Brands for Value Creation*. http://www.strategyand.pwc.com/media/uploads/Managing_Brands_for_Value_Creation.pdf. Zugegriffen: 12. Mai 2014

Hellmann, K.-U. (2003). *Soziologie der Marke*. Frankfurt am Main: Suhrkamp.

Kapferer, J. N. (1992). *Die Marke – Kapital des Unternehmens*. Landsberg/Lech: Moderne Industrie.

Kausch, T., Pirck, P., & Strahlendorf, P. (Hrsg.). (2013). *Städte als Marken: Strategie und Management*. Hamburg: New Business Verlag.

Kilian, K. (2009). *Marke unser. Branding zwischen höllisch gut und himmlisch verwegen*. Würzburg: markenlexikon.com.

Kilian, K. (2010). Multisensuales Marketing: Marken mit allen Sinnen erlebbar machen. *Transfer Werbeforschung & Praxis, 56*(4), 42–48.

Koch, K.-D. (2010). *Was Marken unwiderstehlich macht. 101 Wege zur Begehrlichkeit* (2. Aufl.). Zürich: Orell Füssli.

LZ (2015). *Handelsmarkenmonitor 2010*. http://www.lebensmittelzeitung.net/news/pdfs/17_org.pdf. Zugegriffen: 09. Januar 2015

Madden, T., Fehle, F., & Fournier, S. (2006). Brands Matter – An Empirical Demonstration of the Creation of Shareholder Value through Branding. *Journal of the Academy of Marketing Science, 34*(2), 224–235.

McKinsey (2015). *Einkäufer vertrauen starken Marken*. http://www.mckinsey.de/einkProzentC3ProzentA4ufer-vertrauen-starken-marken-image-auch-im-b2b-bereich-ein-wichtiger-entscheidungsfaktor-0. Zugegriffen: 09. Januar 2015

Meffert, H., & Burmann, C. (1996). *Identitätsorientierte Markenführung – Grundlagen für das Management von Markenportfolios*. Arbeitspapier, Bd. 100. Münster: Wissenschaftliche Gesellschaft für Marketing und Unternehmensführung e. V.

Meffert, H., Burmann, C., & Koers, M. (2002). Stellenwert und Gegenstand des Markenmanagement. In H. Meffert, C. Burmann, & M. Koers (Hrsg.), *Markenmanagement – Grundfragen der identitätsorientierten Markenführung* (S. 3–15). Wiesbaden: Gabler.

Napoli, J. (2006). The impact of nonprofit brand orientation on organizational performance. *Journal of Marketing Management, 22*(7–8), 673–694.

Paul, M. (2004). *Es war einmal, die Marke. Entstehungsgeschichte, Beispiele und Bedeutung historischer Markenartikel*. http://www.markenlexikon.com/d_texte/paul_markengeschichte_absatzwirtschaft_22Okt2004.pdf. Zugegriffen: 09. Januar 2015

Pavel, F., v Schlippenbach, V., & Beyer, M. (2010). *Zunehmende Nachfragemacht des Einzelhandels – Eine Studie für den Markenverband*. http://www.markenverband.de/publikationen/studien/Nachfragemacht. Zugegriffen: 10. Januar 2015

Perrey, J., & Meyer, T. (2011). *Mega-Macht Marke* (3. Aufl.). München: Redline.

Reitzle, W. (2005). Marken als strategischer Erfolgsfaktor im Investitionsgütergeschäft. In H. Hungenberg, & J. Meffert (Hrsg.), *Handbuch Strategisches Management* (2. Aufl. S. 877–891). Wiesbaden: Gabler.

Sander, B., Friedrichs, K., & Hunfeld, S. (2009). Markenaustauschbarkeit – Die Brand Parity Studie 2009. *Insights*, (11), 16–27.

Schmidt, H. J. (2015). Corporate Strategy and Corporate Branding: Reference Frame and Examples of Integrated Corporate Strategic & Brand Management (CS&BM). In D. Simon, & C. Schmidt (Hrsg.), *Business Architecture Management*. Berlin: Springer.

Schmidt, H. J., & Baumgarth, C. (2014). Marke als Treiber sozialer Innovationen. *Markenartikel*, Sonderheft „Marke: Garant für Innovation und Wohlstand" zum 111. Geburtstag des Markenverbandes (August 2014), 102–105.

Swiss Life (2010). http://report.swisslife.com/2010_ye/download/SL_successfactor_2010_de.pdf. Zugegriffen: 10. Januar 2015

Urde, M. (1994). Brand Orientation. *Journal of Consumer Marketing*, *11*(3), 18–32.

Urde, M. (1999). Brand Orientation. *Journal of Marketing Management*, *15*(1–3), 117–133.

Urde, M., Baumgarth, C., & Merrilees, B. (2011). Brand orientation and market orientation – From alternatives to synergy. *Journal of Business Research*, *66*, 13–20.

Werr, G., & Wicke, A. (2010). *Die starke Marke wird am Markt zum Wettbewerbsvorteil*. http://www.caritas.de/neue-caritas/heftarchiv/jahrgang2010/artikel/die-starke-marke-wird-am-markt-zum-wettb. Zugegriffen: 10. Januar 2015

Wong, H. Y., & Merrilees, B. (2005). A brand orientation typology for SMEs. *Journal of Product & Brand Management*, *14*(3), 155–162.

Wong, H. Y., & Merrilees, B. (2008). The performance benefits of being brand-oriented. *Journal of Product & Brand Management*, *17*(6), 372–383.

Strategische Markenanalyse

Holger J. Schmidt

H. J. Schmidt, *Markenführung,* Studienwissen kompakt,
DOI 10.1007/978-3-658-07165-3_2, © Springer Fachmedien Wiesbaden 2015

Lern-Agenda

Um eine neue Marke auf dem Markt einzuführen, das Profil einer Marke zu schärfen oder eine etablierte Marke neu zu positionieren, sind diverse Informationen notwendig. Hierzu zählen Kenntnisse über die externe Sichtweise auf die Marke (z. B. von Kunden und Nicht-Kunden), über die Positionierung der Wettbewerber, über die Bedürfnisse der Kunden sowie über zentrale Entwicklungen in der Branche und darüber hinaus. Außerdem gilt es, die Marke an sich besser zu verstehen, indem man sich z. B. ihrer zentralen Stärken bewusst wird. Im folgenden Kapitel werden Ihnen die grundlegenden Schritte der strategischen Markenanalyse erläutert. Nach dem Lesen und Bearbeiten sollten Sie Folgendes wissen, können und verstehen:

Sie verstehen, wieso Informationen aus der Markengeschichte wichtig sind, um starke Marken aufzubauen, und können die richtigen Fragen stellen, um diese vergangenheitsbezogenen Informationen zu erheben.	► Abschn. 2.1
Sie verstehen, wieso aus der externen Wirkung der Marke auf Teilbereiche ihrer Identität geschlossen werden kann.	► Abschn. 2.1
Ihnen ist bewusst, dass Sie mit der Positionierung des Wettbewerbs vertraut sein müssen, um eine Marke zielgerichtet zu führen.	► Abschn. 2.2
Sie wissen, dass erfolgreiche Markenverantwortliche ihre Strategien auf den – vorhandenen oder latenten – Bedürfnissen ihrer Zielgruppe aufbauen.	► Abschn. 2.3
Sie verstehen, warum es relevant ist, in der Situationsanalyse neben branchenspezifischen Entwicklungen auch zentrale gesellschaftliche Trends zu berücksichtigen.	► Abschn. 2.3
Sie kennen aktuelle Megatrends und können diese erläutern.	► Abschn. 2.3

2.1 Eigen-Analyse

Viele Marken blicken auf eine lange Geschichte zurück, andere werden erst neu geschaffen und am Markt eingeführt. Für die Markenführung ist es in jedem Fall wichtig, auf einer umfassenden Analyse der Leistungen, Besonderheiten und Differenzierungspotenziale der Marke aufzusetzen. Für etablierte Marken spielen dabei Ereignisse um ihre Gründung oder die Person des Gründers ebenso eine Rolle wie wichtige Meilensteine der Unternehmensgeschichte. Dies verdeutlicht das nachfolgende Beispiel von Harley-Davidson, das bei Schmeh (2004, S. 32 ff.) ausführlich nachgelesen werden kann.

Beispiel: Meilensteine der Marke Harley-Davidson

Wie könnte die Markenführung von Harley-Davidson erfolgreich agieren, ohne die Unternehmensgeschichte in ihren Details aufs Genaueste zu kennen und diese in ihren strategischen Ansätzen ausreichend zu berücksichtigen? Das Unternehmen Harley-Davidson wurde 1903 als kleine Motorradfabrik von den beiden Motorenbauern William S. „Bill" Harley und Arthur Davidson gegründet. Es ist damit einer der ältesten noch existierenden Motorradhersteller der Welt. Nachkommen der Gründerfamilien sind bis heute im Management des Unternehmens tätig. Die Unternehmensidee beruht auf einer Innovation, denn Motorräder waren zur damaligen Zeit etwas Außergewöhnliches. In den frühen Jahren des Unternehmens entstanden auch zwei heute noch charakteristische Merkmale der Marke: die typische Harley-Motorisierung mit zwei v-förmig auseinanderstehenden Zylindern sowie das Logo der Marke.

Die Motorradpioniere von Harley-Davidson erkannten früh, dass es für ihren weiteren Erfolg unabdingbar war, sich vom Wettbewerb abzuheben. Diese Differenzierung sollte aber nicht über den funktionalen Nutzen des Motorrads, sondern über einen emotionalen Zusatznutzen realisiert werden, der wiederum durch die Betonung des Fahrspaßes und des damit einhergehenden Gefühls von Freiheit und Abenteuer zu generieren war. So soll das Unternehmen u. a. mit folgendem Slogan geworben haben: „Wir verkaufen eine Philosophie. Das Motorrad gibt es kostenlos dazu."

Ein weiterer wichtiger Bestandteil der Markenwelt von Harley-Davidson ist das Image des Rebellen, das für das Selbstbild vieler Harley-Fahrer wichtig ist. Erheblich dazu beigetragen hat der Song „Born to be wild" aus dem Kinofilm „Easy Rider", der zu einer Art Markenhymne wurde. In dem Film, der 1969 offizieller Beitrag der Vereinigten Staaten zum Filmfestival von Cannes war, fahren zwei unangepasste Lebenskünstler, gespielt von Peter Fonda und Dennis Hopper, mit umgebauten Harley-Davidson-Motorrädern durch den Süden der USA. Auf ihrer Reise müssen sie sich mit Vorurteilen und Intoleranz auseinandersetzen. „Easy Rider" ist ein Roadmovie, das den Glauben an Freiheit und Abenteuer vermittelt – und damit an die Werte appelliert, mit der die Marke bis heute eng verknüpft wird.

Doch die Marke Harley-Davidson steht nicht allein für emotionale Werte wie Freiheit, Abenteuer oder Rebellion. Auch soziale Bedürfnisse wie das Zugehörigkeitsgefühl zu einer großen Gemeinschaft von Gleichgesinnten finden durch sie ihren Ausdruck – und sind für die Marke überaus wichtig. Hierzu beigetragen hat die im Jahr 1983 vollzogene Gründung der „Harley Owners Group". Bei der H.O.G. handelt es sich um weltweit verbreitete lokale Kundenorganisationen, in denen die Fans der Marke zusammenkommen, um gemeinsame Aktivitäten zu planen und durchzuführen. Wer einmal an einem Treffen der H.O.G. teilgenommen hat, schwärmt vom Gemeinschaftsgefühl und dem Zusammenhalt der Teilnehmer.

Um eine Eigen-Analyse der Marke durchzuführen, ist zunächst einmal eine interne Perspektive einzunehmen: Welche Ursachen im Markensystem sind für ihre aktuelle Wirkung verantwortlich? Oder mit den Worten der Markentechniker Brandmeyer und Schmidt (1999, S. 277): Was ist der „genetische Code" der Marke? Was befähigt die Marke, „allgemein vorhandene, auch für den Wettbewerber zugängliche Energien (z. B. Geld) oder Materialien (z. B. Rohstoffe) oder Techniken (z. B. Produktionsanlagen) oder Informationen (z. B. Kundenwünsche) in sich aufzunehmen, zu verarbeiten und in etwas zuverlässig Besonderes, vom Wettbewerber Unterscheidbares zu verwandeln"?

Merke!

Der **genetische Code einer Marke** beschreibt „jene genetischen Bausteine und Interaktionsmuster des Markengeschehens, die das öffentliche Vertrauen und das ‚positive Vorurteil' [...] über die Marke erzeugt haben und dessen Reproduktion im Kundschaftskollektiv veranlassen." (Brandmeyer und Schmidt 1999, S. 279)

Um die Ursachen der Markenwirkung herauszufinden, sind unterschiedliche Vorgehensweisen vorstellbar. Grundsätzlich enthalten alle Materialien, in denen das Unternehmen etwas über sich selbst und seine Geschichte aussagt, wichtige markenrelevante Informationen. Bevorzugte Informationsquellen sind z. B. Unternehmensarchive, Jubiläumsschriften oder Marketingmaterialien (Broschüren, Anzeigen, TV-Spots etc.), die es zu sichten und auszuwerten gilt. Darüber hinaus sollten langjährige Mitarbeiter und Führungskräfte zu den Meilensteinen der Unternehmensgeschichte, zu besonderen Leistungen und anderen markentypischen Charakteristika befragt werden. Manchmal ist es auch geboten, möglichst viele Mitarbeiter in den Prozess einzubeziehen, um die Akzeptanz der späteren Ergebnisse zu erhöhen. In solchen Fällen sollten Interviews mit Vertretern möglichst aller Abteilungen und Hierarchieebenen durchgeführt werden. Wie auch immer vorgegangen wird, sollte das Ergebnis des internen Analyseprozesses Antworten auf die folgenden Fragestellungen liefern (Gietl 2014, S. 40 ff.):

- Welche besonderen Kompetenzen hat die Marke?
- Was ist typisch für die Marke? Wofür ist die Marke bekannt?
- Was hat die Marke zu guten Zeiten erfolgreich gemacht?
- Welche Probleme der Kunden kann nur die Marke lösen?
- Was unterscheidet die Marke von anderen Marken?
- Welche besonderen Leistungen der Marke haben sich nachhaltig im Gedächtnis der Kunden sowie der Gesellschaft verankert?

Die Antworten auf diese und ähnliche Fragen sind schriftlich in einer Aussagenliste festzuhalten. Identische Aussagen sind aus der Liste zu streichen, inhaltlich ähnliche Aussagen sollten anschließend zu Themenbereichen zusammengeführt und schließlich zu maximal vier bis sieben Begrifflichkeiten verdichtet werden (Feige 2007, S. 169). Diese Begrifflichkeiten können als vorläufige „Markenwerte" verstanden werden. Sie beschreiben das Selbstbild der Marke, geben also Auskunft darüber, für was die Marke aus Sicht der internen Zielgruppen steht (► Abschn. 3.1). Gegebenenfalls lässt sich auch ein vorläufiger „Markenkern" identifizieren, der den zentralen Antrieb der Marke beschreibt und die Frage beantwortet, welches übergeordnete Ziel die Marke verfolgt. Dabei ist jedoch anzuraten, sowohl für die Markenwerte als auch für den Markenkern möglichst prägnante oder ausgefallene Wörter zu verwenden. Dieser Meinung ist auch Feige (2007, S. 169):

>> Vermeiden Sie dabei unspezifische Eigenschaften wie „Kundenorientierung", „Qualität", „innovativ" und andere gängige Management- und Marketingbegriffe. Stattdessen „quälen" Sie sich dazu, wirklich prägnante und inhaltsstarke Begriffe wie zum Beispiel „aufrichtig", „kundenverpflichtet", „produktüberlegen", „aufstiegshungrig", „Urvertrauen", „gute Mitte" oder „Pioneering" zu finden [...].

Die interne Sichtweise ist in einem zweiten Schritt durch eine externe Perspektive zu ergänzen. Um dies zu verdeutlichen, verlassen wir kurz das Gebiet der Markenführung und wenden uns der Persönlichkeitsforschung zu. Wenn Menschen über ihre eigene Persönlichkeit nachdenken, sind sie gut beraten, nicht nur sich selbst zu befragen, sondern auch Freunde und Bekannte, die sie schon lange kennen. Denn vieles von dem, was uns als Person charakterisiert, spiegelt sich in unserer Ausstrahlung. Eine derartige Analyse wird in der Regel dazu führen, dass man kein Wunschbild von sich erstellt, sondern nahe an der Realität bleibt. Zudem ermöglicht der Einbezug von Außenstehenden das Aufdecken von „blinden Flecken", also Bereichen der eigenen Persönlichkeit, die einem selbst vielleicht gar nicht bewusst waren. Denn wir alle wirken auf andere – zu jeder Zeit, an jedem Ort. Aber wir wirken nicht immer in der Weise, wie wir es glauben oder es uns wünschen. Manchmal sind wir selbst überrascht, wie andere uns wahrnehmen.

Beispiel: Wirkung kommt von innen

„Sie kennen das sicherlich: Sie halten sich für einen offenen und freundlichen Menschen – und plötzlich sagt jemand: ‚Du wirkst immer so ein bisschen abweisend!' [...] Oder Sie gelten als stark und selbstbewusst, dabei fühlen Sie sich häufig wie eine kleine Maus." (Weiner und Kupfer 2007, S. 50)

Die Überlegungen der Persönlichkeitsforschung kann man auch auf die Markenführung übertragen: Einer Analyse der eigenen Marke aus einer internen Perspektive ist immer auch die externe Perspektive gegenüberzustellen, um Wunsch und Wirklichkeit zu unterscheiden und blinde Flecken aufzudecken. Zur Messung der externen Markenwirkung werden insbesondere Verfahren der Markenimagemessung sowie verhaltensorientierte Modelle der Markenwertmessung (► Abschn. 5.2) eingesetzt. Im Grunde geht es wieder darum, Antworten auf die zuvor aufgeworfenen Fragen zu finden, diesmal aber aus der externen Perspektive.

Die Erhebung der externen Perspektive kann unter Anwendung quantitativer Verfahren der Marktforschung erfolgen. In einem solchen Fall ist es das Ziel, repräsentative Daten zu erheben. Dies dürfte vor allem dann notwendig sein, wenn die Ergebnisse unternehmensweiten Entscheidungsgremien vorgelegt werden sollen (z. B. Aufsichtsräten börsennotierter Unternehmen). Erfahrene Markenberater wissen allerdings, dass es häufig ausreicht, eine kleine Gruppe begeisterter und loyaler Markennutzer, sogenannter Fans der Marke, zu interviewen, um genug „Futter" zum Abgleich von Selbst- und Fremdbild zu haben. Denn das Ziel der Eigen-Analyse ist es, diejenigen realen Eigenschaften der Marke aufzudecken, die das Potenzial haben, Kunden langfristig für die Marke zu begeistern. Wenn aber solche Charakteristika nicht einmal bei den Fans einer Marke gefunden werden können, wo dann?

> **Auf den Punkt gebracht: Die Eigen-Analyse der Marke beschäftigt sich mit dem Selbstbild (Innensicht) sowie dem Fremdbild der Marke (Außensicht). Die Ergebnisse werden übereinandergelegt und helfen somit bei der Formulierung der Markenidentität (► Abschn. 3.1).**

Die Ergebnisse der Analyse der externen Markenwirkung werden nun den Ergebnissen der internen Markenanalyse gegenübergestellt. Der Abgleich des Fremdbildes mit dem Selbstbild deckt Lücken und Widersprüche auf, deren Diskussion dazu beiträgt, die vorläufigen Markenwerte weiter zu konkretisieren. Am Ende der Eigen-Analyse ist aus unterschiedlichen Perspektiven ein Markenbild entstanden, das der Realität sehr nahe kommen dürfte. Der Verdichtungsprozess von Selbst- und Fremdbild führt dazu, dass der Kern der Marke und ihre zentralen Werte klar herausgearbeitet werden. Dies bewirkt, dass nachfolgende Entscheidungen über Markenidentität und Positionierung nicht aufgesetzt wirken, sondern von den Zielgruppen als authentisch empfunden werden.

2.2   Wettbewerbsanalyse

Aus dem Blickwinkel der Markenverantwortlichen ist es von besonderer Relevanz, möglichst genaue Informationen über die direkten Wettbewerber zu gewinnen. Dies ist vor allem darauf zurückzuführen, dass sich Marken, um nachhaltig erfolgreich zu sein, von anderen Marken weitgehend differenzieren sollten (► Abschn. 1.2). Marken, die anders sind, fallen auf, prägen sich ein und entwickeln ein eigenständiges Profil. Um auf Basis der Eigen-Analyse diejenigen Punkte zu identifizieren, die Potenzial zur Differenzierung bieten, benötigt man ein genaues Bild des Wettbewerbs. Denn man kann sich nicht unterscheiden, wenn einem nicht bewusst ist, wie das Subjekt der Differenzierungsbemühungen aussieht.

Notwendig sind hier Informationen einerseits zur Markenidentität und Positionierung der Wettbewerber und andererseits zu ihren Stärken, ihren Schwächen und ihrem Image. Die beste Quelle für die Informationsgewinnung bezüglich der Fremdwahrnehmung der Wettbewerbsmarken sind die Kunden (Aaker 1996, S. 194). Viele der Instrumente, die zur Wettbewerbsanalyse genutzt werden können, sind gleichzeitig Instrumente des Markencontrolling (▶ Kap. 5). Die angewendeten Methoden können qualitativer oder quantitativer Art sein. Dabei ist zu berücksichtigen, dass Nutzer einer spezifischen Marke wahrscheinlich ein anderes Bild von ihr haben als Nutzer anderer Marken oder als Nicht-Nutzer.

Kunden können natürlich nur Informationen geben zu den Stärken und Schwächen sowie dem Image einer Marke. Um Informationen über die Markenidentität und die Positionierung zu erhalten, empfiehlt es sich, Kommunikationsmaterialien des Wettbewerbs (z. B. Internetauftritt, Kommunikation in den sozialen Netzwerken, Anzeigen, Fernsehspots), Jahresberichte und sonstige Marketingmaßnahmen zu analysieren. Gegebenenfalls besteht auch Zugang zu entsprechenden Fallstudien, die aus wissenschaftlichem Interesse oder zur Teilnahme an Wettbewerben (z. B. Marken-Award: ▶ www.marken-award.de) erstellt wurden. Wie sieht sich der Wettbewerb selbst? Wie kommunizieren die Wettbewerber? Was ist ihre Markenbotschaft? An wen wenden sie sich, welche Zielgruppen targetieren sie? Die Beantwortung dieser Fragen offenbart Selbstbild und Zielposition des Wettbewerbs.

Beispiel: Wettbewerbsanalyse mittels tiefenpsychologischer Interviews

Vor einigen Jahren beschloss das Management eines internationalen Logistikunternehmens, sich intensiver mit seiner Marke zu beschäftigen. Eine der Herausforderungen bestand darin, dass man im Schlüsselmarkt Deutschland im starken Wettbewerb mit dem „Platzhirsch" Deutsche Post – DHL stand. Um herauszufinden, wie dessen Marke von den deutschen Kunden im Vergleich zur eigenen Marke gesehen wird, beauftragte man ein Marktforschungsinstitut mit der Durchführung tiefenpsychologischer Interviews. Hierzu wurden rund 50 Personen befragt, die beide Marken kannten. Unter anderem wurde den Befragungsteilnehmern ein Bilderkatalog mit mehr als 200 Bildern aus völlig unterschiedlichen Lebensbereichen vorgelegt, aus denen sie diejenigen aussuchen sollten, die zur jeweiligen Marke am besten passten. Die Auswahl wurde im Anschluss mit den Psychologen besprochen und begründet. Aus dieser Vorgehensweise ließen sich interessante Rückschlüsse über das Markenimage beider Marken auf dem deutschen Markt ziehen. Das die Studie beauftragende Logistikunternehmen überarbeitete anschließend gewichtige Elemente seiner Positionierung, um sich noch stärker vom deutschen Marktführer zu unterscheiden.

Wichtig: Bei der Wettbewerbsanalyse geht es primär nicht darum, Positionierungslücken aufzudecken. Eine Positionierungslücke kann als Marktnische verstanden werden, die für Kunden relevante Bedürfnisse beinhaltet, aber durch Wettbewerbsmarken bislang noch nicht erfolgreich besetzt ist. Denn aus dem Blickwinkel der Markenführung sind Relevanz und Differenzierbarkeit lediglich notwendige, nicht aber hinreichende Bedingungen einer erfolgreichen Positionierung. Die Besetzung von

Positionierungslücken ist nur dann erfolgversprechend, wenn die Marke auch die Fähigkeit und Glaubwürdigkeit besitzt, dieses Bedürfnis besser zu befriedigen als die Konkurrenz (Walter 2006, S. 100). Vielmehr ist es Ziel der Wettbewerbsanalyse, die relevanten Informationen zu erheben und aufzubereiten, die sodann in der Phase der Markenpositionierung (▶ Abschn. 3.2) dort zu treffende Entscheidungen beeinflussen.

> ❯ Auf den Punkt gebracht: Während die Ergebnisse der Eigen-Analyse die Definition der Markenidentität (▶ Abschn. 3.1) bedingen, werden die Erkenntnisse der Wettbewerbsanalyse in der Phase der Markenpositionierung (▶ Abschn. 3.2) benötigt.

2.3   Analyse der Kundenbedürfnisse und Megatrends

Ziel der Kundenanalyse ist es herauszufinden, welche funktionalen, emotionalen oder sozialen Bedürfnisse die Kunden dazu bewegen könnten, die Marke zu kaufen und zu nutzen (Aaker 1996, S. 191). Hierzu stehen neben den in der laufenden Marketingforschung regelmäßig durchgeführten klassischen Kundenbefragungen (Kreutzer 2013, S. 116 ff.) viele innovative Analysemethoden zur Verfügung (siehe u. a. Goffin und Koners 2011), die an dieser Stelle jedoch nicht näher ausgeführt werden.

Beispiel: Kundenbedürfnisse bei Skibekleidung

Beim Kauf von Skibekleidung können unterschiedliche Bedürfnisse für die Wahl der Marke ausschlaggebend sein. Für viele Skifahrer besteht ein funktionales Bedürfnis: Man benötigt Bekleidung, die wasserabweisend, atmungsaktiv und warm ist, aber genügend Bewegungsfreiheit für die sportliche Betätigung lässt. Daneben könnte aber auch ein emotionales Bedürfnis eine Rolle spielen: Vielleicht fühlen sich sportlich ambitionierte Skifahrer in der Marke am wohlsten, die auch von bekannten Skirennläufern getragen wird. Schließlich ist es ebenso vorstellbar, dass die Wahl des Bekleidungsherstellers danach erfolgt, mit welcher Marke man auf der Skihütte den besten Eindruck hinterlässt. Dies spiegelt ein soziales Bedürfnis wider.

Die Kenntnis der unterschiedlichen Bedürfnisse ist wichtig für Marken, da sich hierauf tragfähige Positionierungsstrategien aufbauen lassen. Eine Marke wird zwar nur selten an eines dieser Bedürfnisse anknüpfen, sie wird aber durchaus ihren Schwerpunkt im funktionalen, emotionalen oder sozialen Bereich aufweisen. Rekurrierend auf das Beispiel Skibekleidung könnte man beispielsweise argumentieren, dass die Marke „Schöffel" vorwiegend funktionale Bedürfnisse befriedigt. Die Marke „Toni Sailer" (der vor einigen Jahren verstorbene Toni Sailer ist Österreichs Sportler des Jahrhunderts) dürfte demgegenüber neben funktionalen insbesondere auch emotionale Bedürfnisse befriedigen. Und „Bogner" kann vielleicht als Marke bezeichnet werden, die hohen funktionalen Anforderungen gerecht wird, mit der man aber auch beim Après-Ski eine gute Figur macht.

Neben der Analyse der Kundenbedürfnisse sollte das Markenmanagement zudem zentrale Entwicklungen einer Branche im Blick halten. Dies ist notwendig, weil man eine Marke nicht gegen zentrale Branchen- und Megatrends positionieren sollte. Im Gegenteil: Trends können als „Nährböden" genutzt werden, um „die Anziehungskraft von Marken schlagartig zu potenzieren" (Koch 2010, S. 182).

Beispiel: Relevante Branchentrends

In einem Markenworkshop mit einem innovativen mittelständischen B-to-B-Unternehmen wurden folgende Branchentrends identifiziert, die es in der anschließenden Diskussion der Markenpositionierung zu berücksichtigen galt:

1. Konsolidierung der Marktteilnehmer auf Kunden- und Anbieterseite
2. Rückläufiges Marktvolumen
3. Zunehmende Spezialisierung der Wettbewerber
4. Zunahme des Preiswettbewerbs bei steigenden Rohstoffkosten
5. Osterweiterung und Liberalisierung der Märkte
6. Ressourcenverknappung und Fachkräftemangel
7. Mehr Einsatz von Technologien und steigendes Bedürfnis nach Transparenz
8. Steigendes Sicherheitsbedürfnis

Die später erarbeitete Markenpositionierung fokussierte schließlich auf die besonderen Fähigkeiten des Unternehmens als Spezialist und auf die hohe Transparenz für den Kunden, die durch eine besondere Art der Leistungserbringung gewährleistet werden konnte.

Es dürfte offensichtlich sein, dass insbesondere solche Trends für die Markenführung Relevanz besitzen, die langfristig Bestand haben. Sogenannte Megatrends setzen klare Signale, in welche Richtung sich Gesellschaften und Kulturkreise entwickeln, ohne dass ein Einzelner hieran etwas ändern könnte (Feige 2007, S. 48). Diese gesellschaftlichen, technologischen, ökonomischen, umwelttechnischen und politischen Veränderungen liefern z. B. bei Ernährungsgewohnheiten, Sicherheitsbedürfnissen, Kommunikationsverhalten oder der Mobilität erhebliche Nährböden für die Markenführung (Koch 2010, S. 183).

┌─ **Merke!** ──

Megatrends sind gesellschaftliche, technologische, ökonomische, umwelttechnische und politische Entwicklungen, die – im Gegensatz zu Moden oder Branchentrends – langfristig und weitgehend kulturübergreifend wirken und sich in vielen Lebensbereichen bemerkbar machen.

Der Begriff Megatrends geht auf Naisbitt (1984) zurück und wurde im deutschen Sprachraum insbesondere durch Horx (2011) sowie das Zukunftsinstitut – ein Unternehmen für Trend- und Zukunftsforschung mit Sitz in Frankfurt, München und

Wien – verbreitet. Megatrends werden wissenschaftlich erforscht und hinsichtlich ihrer Aktualität regelmäßig überprüft. Aktuell identifiziert das Zukunftsinstitut (2015) folgende elf Megatrends (s. auch Feige 2007, S. 53 ff.):

1. „Neues Lernen": Lebenslanges Lernen steht im Mittelpunkt, traditionelle Lehrmethoden spielen nur noch eine untergeordnete Rolle.
2. „Urbanisierung": Immer mehr Menschen leben in Städten. Das urbane Leben etabliert sich als angesagter Lebensstil.
3. „Konnektivität": Alles ist vernetzt, nicht nur im sozialen Leben. Auch das „Internet der Dinge" ist nicht mehr aufzuhalten.
4. „Neo-Ökologie": Eine ökologische Ausrichtung und eine kapitalistische Lebensweise passen zueinander. Entsprechende Zielgruppen können erschlossen werden.
5. „Globalisierung": Die weltweite Verflechtung nimmt zu, die globalen Beziehungen werden intensiver.
6. „Individualisierung": Produkte werden auf die individuellen Bedürfnisse zugeschnitten, es gibt immer mehr Wahlmöglichkeiten.
7. „Gesundheit": Wellness und Gesundheit nehmen im Leben der Menschen einen zentralen Stellenwert ein.
8. „New Work": Beruf und individuelle Selbstverwirklichung sind keine Gegensätze mehr, sie bedingen einander.
9. „Female Shift": Weibliche Denk- und Handlungsmuster prägen zunehmend unsere Arbeits- und Konsummärkte.
10. „Silver Society": Altern wird nicht mehr als Einschränkung, sondern als neuer Entfaltungsraum begriffen.
11. „Mobilität": Die Welt ist mobil. Entfernungen spielen nur noch eine untergeordnete Rolle.

Beispiel: Bedeutung von Megatrends in der Markenführung

▬ Die Megatrends „Gesundheit" und „Silver Society" veranlassten das Reiseunternehmen TUI, eine neue Subbrand zu etablieren: Unter dem Label „TUI Vital" werden Angebote vermarktet, die unmittelbar zum Wohlbefinden beitragen und ein positives Lebensgefühl vermitteln möchten (▶ http://www.tui.com/wellnessurlaub/tui-vital/. Zugegriffen: 13. Januar 2015).

▬ In Reaktion auf den Megatrend „Neue Ökologie" kam 2013 der erste Plug-in-Hybrid des VW-Konzerns nicht von den Automarken Audi oder VW, sondern von Porsche (Panamera S E-Hybrid).

▬ Die aktuelle Marken-Kampagne der Lufthansa kann als Reaktion auf die Megatrends „Individualisierung" und „Mobilität" interpretiert werden. Sie nutzt u. a. folgende Überschriften:

— „Kinder: aus dem Haus. Katze: bei den Nachbarn. Wir: am Ziel der Träume."
— „Über Wolken. Über Nacht. Überglücklich."
— „Frankfurt. Bordeaux. Peking."

> Auf den Punkt gebracht: Eine Analyse der Kundenbedürfnisse und Megatrends ist für die Erarbeitung einer nachhaltigen Markenpositionierung unabdingbar.

2.4 Lern-Kontrolle

Kurz und bündig

Marken können ihre Zukunft selbst gestalten, wenn sie sich ihrer besonderen (historischen oder aktuellen) Fähigkeiten bewusst werden, wenn sie auf Kunden und Nicht-Kunden hören und auch deren unbewusste Bedürfnisse identifizieren, wenn sie Marktentwicklungen und Trends erkennen und für sich interpretieren – und wenn sie wissen, wie sie sich positionieren müssen, um sich vom Wettbewerb abzuheben. Hierfür ist es erstens notwendig, eine umfassende Eigen-Analyse durchzuführen, die aufzeigt, welche Eigenschaften der Marke als authentisch eingestuft werden können. Zweitens ist der Wettbewerb zu analysieren, um Differenzierungspotenziale zu erkennen. Und drittens sind Kunden und Nicht-Kunden zu befragen sowie zentrale Branchentrends und sogenannte „Megatrends" zu identifizieren und im Hinblick auf die eigene Marke zu bewerten, um die Relevanz unterschiedlicher Positionierungsoptionen beurteilen zu können.

❓ Let's check

1. Was versteht man unter einem „genetischen Code" einer Marke?
2. Was sind im Rahmen der strategischen Markenanalyse die zentralen Fragen der Eigen-Analyse?
3. Wieso ist es für Markenverantwortliche wichtig, Kenntnisse über die Eigen- und die Fremdwahrnehmung einer Marke zu erlangen?
4. Mit welchen Methoden kann eine Analyse von Wettbewerbsmarken erfolgen?
5. Wie unterscheiden sich funktionale, emotionale und sozialen Kundenbedürfnisse? Nennen Sie innerhalb eines Marktes jeweils ein Beispiel für ein solches Bedürfnis und überlegen Sie, welche Marke darauf abzielt, dieses Bedürfnis vorrangig zu befriedigen.
6. Welche Megatrends kennen Sie und warum besitzen diese eine große Relevanz für die Markenführung?

ℹ Lesen und Vertiefen

- Im bereits zitierten Werk von Schmeh (2004) finden sich viele spannende Geschichten rund um bekannte Marken, die aufzeigen, wie wichtig Begebenheiten aus der Markenhistorie auch heute noch für deren erfolgreiches Management sind.
- Das Buch von Feige (2007) bietet viele praktische Hinweise zur Ausgestaltung der strategischen Markenanalyse. Hervorzuheben sind hier insbesondere ▶ Kapitel 3: „Die maßgeblichen Megatrends für die Markenführung",

► Kapitel 4: „Die neuen Lebensknappheiten und acht großen Konsumfelder" sowie ► Kapitel 5: „Archetypologie und kulturelle Codes für die Markenführung". In seinem Werk „Good Business – das Denken der Gewinner von morgen" (2010) konzentriert sich Feige darüber hinaus auf die immer stärker werdenden Trends der Nachhaltigkeit und zeigt auf, wie Marken hierauf reagieren müssen.

– Wählen Sie eine Marke Ihrer Wahl aus und denken Sie darüber nach, wie sich Ihrer Meinung nach die Megatrends auf diese Marke auswirken. Wie sollte das Management der Marke auf die Entwicklungen reagieren?

Literatur

Aaker, D. A. (1996). *Building Strong Brands*. New York: The Free Press.

Brandmeyer, K., & Schmidt, M. (1999). Der genetische Code der Marke als Management-Werkzeug. In K. Brandmeyer, & A. Deichsel (Hrsg.), *Jahrbuch der Markentechnik 2000/2001* (S. 71–89). Frankfurt am Main: Deutscher Fachverlag.

Feige, A. (2007). *Brand Future. Praktisches Markenwissen für die Marktführer von morgen*. Zürich: Orell Füssli.

Feige, A. (2010). *Good Business. Das Denken der Gewinner von morgen*. Hamburg: Murmann.

Gietl, J. (2014). *Value Branding. Vom hochwertigen Produkt zur wertvollen Marke*. Freiburg: Haufe.

Goffin, K., & Koners, U. (2011). *Hidden Needs. Versteckte Kundenbedürfnisse entdecken und in Produkte umsetzen*. Stuttgart: Schäffer-Poeschel.

Horx, M. (2011). *Das Megatrend-Prinzip. Wie die Welt von Morgen entsteht*. München: DVA.

Koch, K.-D. (2010). *Was Marken unwiderstehlich macht. 101 Wege zur Begehrlichkeit* (2. Aufl.). Zürich: Orell Füssli.

Kreutzer, R. T. (2013). *Praxisorientiertes Marketing. Grundlagen – Instrumente – Fallbeispiele* (4. Aufl.). Wiesbaden: Springer Gabler.

Naisbitt, J. (1984). *Megatrends: Ten New Directions Transforming Our Lives*. New York: Warner.

Schmeh, K. (2004). *Der Kultfaktor. Vom Marketing zum Mythos: 42 Erfolgsstorys von Rolex bis Jägermeister*. München: Redline.

Walter, S. (2006). *Die Rolle der Werbeagentur im Markenführungsprozess*. Zürich: Gabler (DUV).

Weiner, C., & Kupfer, C. (2007). *Täglich zu Tiffany: vom Vergnügen, anders zu sein*. Frankfurt am Main: Campus.

Zukunftsinstitut (2015). http://www.zukunftsinstitut.de/dossier/megatrends/. Zugegriffen: 13. Januar 2015

Strategische Markenführung

Holger J. Schmidt

H. J. Schmidt, *Markenführung,* Studienwissen kompakt,
DOI 10.1007/978-3-658-07165-3_3, © Springer Fachmedien Wiesbaden 2015

Lern-Agenda

In den vorangegangenen Kapiteln haben Sie zentrale Begrifflichkeiten und Entwicklungen der Markenführung kennengelernt (▶ Kap. 1) sowie erfahren, welche grundlegenden Informationen für die strategische Markenführung benötigt werden (▶ Kap. 2). Beides sollte Sie dazu befähigen, ein Gefühl für Marken und ihr zielgerichtetes Management zu entwickeln. Deshalb teilen Sie wahrscheinlich schon jetzt die Überzeugung, dass die Markenführung – entgegen oftmals üblicher Praxis – nicht die alleinige Spielwiese der Marketingabteilungen und ihrer ausführenden Werbeagenturen sein darf, sondern das gesamte Unternehmen betrifft. Eine enge operative Sichtweise der Markenführung, interpretiert als Teilbereich der Produkt- oder Kommunikationspolitik, gilt heute als überholt. Die ▶ Kap. 3–5 werden Ihnen dies noch deutlicher vor Augen führen.

Im nachfolgenden dritten Kapitel beschäftigen wir uns mit zentralen Fragestellungen und Modellen der Markenidentität sowie mit Anforderungen an eine tragfähige Markenpositionierung, die auf der Markenidentität aufbaut. Darüber hinaus behandeln wir ausgewählte Fragestellungen der Markenarchitektur und gehen kurz auf die Anforderungen der Markenführung im Zeitverlauf ein. Nach der Bearbeitung des vorliegenden Kapitels verfügen Sie über folgende Kompetenzen:

Sie verstehen, welche Überlegungen zur Formulierung einer Markenidentität führen, kennen wichtige Markenidentitätsmodelle und können diese anwenden.	▶ Abschn. 3.1
Ihnen ist der Unterschied zwischen der Markenidentität und der Positionierung einer Marke deutlich.	▶ Abschn. 3.1 ▶ Abschn. 3.2
Sie verstehen wichtige Anforderungen an eine Markenpositionierung und kennen ausgewählte Elemente einer Positionierungsstrategie. Zudem können Sie eine tragfähige Positionierung entwickeln.	▶ Abschn. 3.2
Sie kennen die Gestaltungsoptionen der Markenarchitektur sowie ihre jeweiligen Vor- und Nachteile.	▶ Abschn. 3.3
Sie verstehen, welche Anforderungen sich an die Markenführung im Zeitverlauf ergeben, und können Potenziale der Markenevolution abschätzen.	▶ Abschn. 3.3

3.1   Markenidentität

3.1.1   Grundlegende Gedanken zur Identität einer Marke

Gerade in Zeiten des Wandels und zunehmender Komplexität brauchen Marken eine klar definierte Identität, die als Grundlage aller Markenaktivitäten dienen kann

(Nitschke 2011, S. 68). Durch sie werden Leitplanken des unternehmerischen Handelns definiert, die nicht nur die Grenzen des kommunikativen Auftritts markieren, sondern für die Stimmigkeit aller Marketingaktivitäten und bestenfalls aller Unternehmensaktivitäten sorgen (zum Begriff der Markenorientierung vgl. ▶ Abschn. 1.4). Die Markenidentität ist dabei keinesfalls mit einem Wunschbild gleichzusetzen, sondern basiert auf dem genetischen Code der Marke, der mittels Eigen-Analyse der Marke identifiziert werden konnte (▶ Abschn. 2.1).

Bei einem engeren Verständnis umfasst die Markenidentität „diejenigen raum-zeitlich gleichartigen Merkmale der Marke, die aus Sicht der internen Zielgruppen in nachhaltiger Weise den Charakter der Marke prägen" (Burmann et al. 2012, S. 30). Bei einem weiteren Verständnis ist diese rein interne Perspektive durch einen externen Blickwinkel zu ergänzen und mit diesem abzugleichen, um blinde Flecken der Selbstwahrnehmung und ein übersteigertes Wunschdenken zu vermeiden. In welchen Punkten decken sich Innen- und Außensicht? Aus der Gegenüberstellung von Innen- und Außensicht entsteht die Markenidentität, die in einer Erweiterung der soeben genannten Definition diejenigen raum-zeitlich gleichartigen Merkmale der Marke beinhaltet, die aus Sicht der internen Zielgruppen in nachhaltiger Weise den Charakter der Marke prägen und gleichfalls durch die externen Zielgruppen als zur Marke passend empfunden werden (könnten). Die Markenidentität kann folglich auch als eine Art mentaler Heimat bezeichnet werden, in der die Ansprüche des Unternehmens und die Erwartungen der Umwelt ausbalanciert sind.

Die Formulierung der Markenidentität erfolgt intern und ist somit als Aussagenkonzept zu verstehen (Burmann et al. 2012, S. 29). Sie ist kein Wunschbild, sondern nahe an der Wirklichkeit, allerdings klammert sie diejenigen Facetten der Unternehmensrealität aus, die negativ behaftet sind. Denn das Ziel der Markenführung besteht letztlich darin, positive, auf besonderen Leistungen beruhende Wahrnehmungen zu verstärken (Gietl 2014, S. 35 ff.). Zu erinnern ist dabei auch nochmals an die bereits in ▶ Abschn. 2.1 aufgestellte Forderung, dass die Identität mit möglichst prägnanten oder ausgefallenen Wörtern zu beschreiben ist (vgl. hierzu auch Kilian 2009, S. 42). Außerdem kann es sinnvoll sein, die Markenidentität durch eine Zielkomponente mit der Unternehmensvision zu verlinken (Hatch und Schultz 2001, S. 42 f.).

> **Merke!**
>
> „Die **Markenidentität** bringt die wesensprägenden Merkmale einer Marke, für welche die Marke zunächst nach innen und später auch nach außen stehen soll, zum Ausdruck." (Burmann et al. 2012, S. 29)

Zum vollständigen Verständnis des Begriffes Markenidentität scheint es angebracht, ihn vom Konzept des Markenimages abzugrenzen: Das Image beschreibt die Wahrnehmung der Marke aus Sicht der externen Zielgruppen und ist somit ein Akzeptanzkonzept. Aus Sicht der Markenführung sollte das Markenimage immer möglichst nahe an der Markenidentität liegen. Um dies zu erreichen, nutzen die Markenverantwortlichen die Instrumente der Markenpositionierung (▶ Abschn. 3.2).

3.1.2   Überblick über ausgewählte Modelle der Markenidentität

Markenmodelle werden gebraucht, da sie in komplexen Organisationsstrukturen wichtige strategische und operative Managementinstrumente sind, die Management und Mitarbeiter dazu befähigen, im Sinne der Marke zu entscheiden und zu handeln (Baetzgen 2011, S. 105). In der Praxis ist eine Vielzahl von Modellen bekannt, die sich grundsätzlich in vier Kategorien einordnen lassen (Baetzgen 2011, S. 105 ff.):

- Kernmodelle: Wofür steht die Marke heute?
- Zielmodelle: Was will die Marke erreichen?
- Matchmodelle: Wie passt die Marke zum Kunden?
- Distanzmodelle: Wie unterscheidet sich die Marke vom Wettbewerb?

Für das im vorangegangenen Abschnitt skizzierte Verständnis der Markenidentität spielen vornehmlich die Kernmodelle eine Rolle, sie können jedoch auch mit Komponenten der anderen Kategorien angereichert werden. Nachfolgend werden einige der wichtigsten Kernmodelle dargestellt.

3.1.2.1 Brand-Leadership-Modell von Aaker und Joachimsthaler

Das auf den Überlegungen von Aaker (1996) basierende Brand-Leadership-Modell nach Aaker und Joachimsthaler (2009) kann als Ausgangspunkt vieler weiterer Identitätsmodelle verstanden werden. Es unterscheidet zwischen drei Ebenen der Markenidentität (◘ Abb. 3.1): Auf der innersten Modellebene beschreibt die sogenannte Markenessenz einen einzigen Gedanken, der die Seele der Marke widerspiegelt. Diese Ebene, mitunter auch als Markenkern bezeichnet, dient insbesondere des Kommunizierens an die Mitarbeiter, um sie für die Marke zu sensibilisieren und ihre Motivation zu erhöhen. Die Markenessenz sollte langfristig Bestand haben und ist folglich zeitlos zu formulieren. Das unterscheidet sie von einem Slogan, der – mit Zielrichtung auf Kunden und Öffentlichkeit – oft taktischen Zwängen unterliegt.

Der Markenkern wird mitunter auch als Antrieb der Marke definiert, der die Frage beantwortet, warum es die Marke überhaupt gibt. Während dieser innersten Ebene also beinahe ein philosophischer Charakter innewohnt, ist die zweite Ebene des Modells greifbarer: Die Autoren bezeichnen sie als Kernidentität. Diese umfasst zwei bis vier Assoziationen, die stark mit der Marke verbunden sind und auch weitgehend

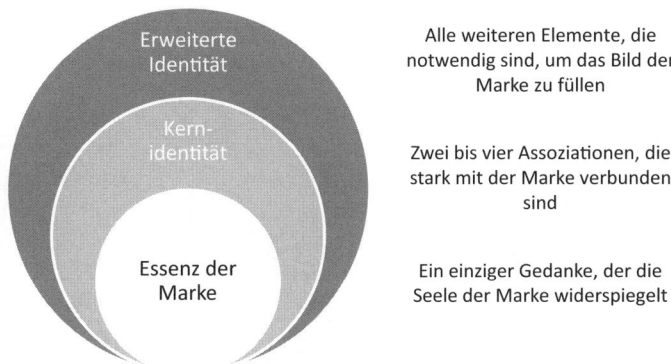

Erweiterte Identität · Alle weiteren Elemente, die notwendig sind, um das Bild der Marke zu füllen

Kern-identität · Zwei bis vier Assoziationen, die stark mit der Marke verbunden sind

Essenz der Marke · Ein einziger Gedanke, der die Seele der Marke widerspiegelt

◘ Abb. 3.1 Das Markenmodell von Aaker und Joachimsthaler (in Anlehnung an Aaker und Joachimsthaler 2009, S. 44)

konstant bleiben, wenn die Marke mit neuen Produkten neue Märkte erschließt. Die einzelnen Elemente der Kernidentität werden in der Literatur häufig auch als Markenwerte bezeichnet. ◘ Abbildung 3.2 zeigt beispielhaft Markenkern und Markenwerte von vier Automobilmarken.

Die dritte Ebene schließlich wird als erweiterte Markenidentität (Extended Identity) bezeichnet. Sie sollte alle weiteren Elemente des Markensystems beinhalten, die notwendig sind, um das Bild der Marke überzeugend zu zeichnen. Hierzu können die typischen Nutzer der Marke zählen, bekannte und erfolgreiche Produkte, visuelle Elemente des Markenauftritts (z. B. Logo, Unternehmensfarbe oder das Design am POS) sowie andere wichtige Markeneigenschaften. Entscheidend für die Unterscheidung zwischen Kernidentität und erweiterter Identität ist dabei der Grad der Verbundenheit ihrer einzelnen Elemente mit der Marke: Je intensiver ein Element mit der Marke verbunden ist, je wichtiger es für die Beschreibung des Markensystems ist, desto weiter ist es im Modellinneren anzuordnen. Es versteht sich von selbst, dass die Bestandteile der Kernidentität dann auch eine längerfristige Gültigkeit besitzen als diejenigen der erweiterten Identität und folglich durch das Markenmanagement nur sehr behutsam adaptiert werden können. ◘ Abbildung 3.3 zeigt am Beispiel der Marke BMW, wie das Markenmodell von Aaker und Joachimsthaler in der Praxis genutzt werden kann.

3.1.2.2 Markensteuerrad nach Esch

Das Markensteuerrad nach Esch (2012, S. 101 ff.), dessen Ursprung auf das gleichnamige Modell von Icon Added Value zurückzuführen ist (Hofbauer und Schmidt 2007, S. 54), differenziert die Markenidentität in Analogie zur linken und rechten

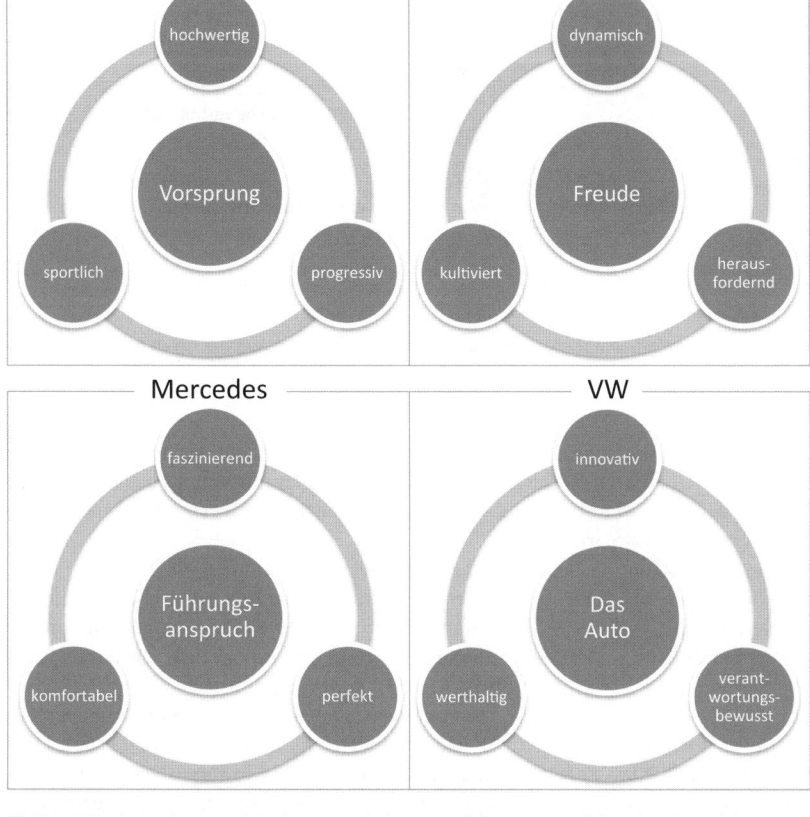

◘ Abb. 3.2 Markenkern und Markenwerte bei ausgewählten Automobilmarken (in Anlehnung an Baetzgen 2011, S. 115; ergänzt um eigene Überlegungen)

Gehirnhälfte in eine rationale und eine emotionale Komponente (◘ Abb. 3.4). In der linken Hälfte des Modells werden die „Hard Facts" einer Marke, also ihr Nutzen und ihre Eigenschaften dargestellt. Die rechte Hälfte hingegen beinhaltet mit den von der Marke vermittelten Gefühlen (Markentonalität) und den in der Werbung genutzten nonverbalen Elementen (Markenbild) die relevanten „Soft Facts". Den Kern des Markensteuerrades bildet die sogenannte Markenkompetenz, die zentrale Markencharakteristika umfasst und mit Bezug auf das soeben dargestellte Modell von Aaker und Joachimsthaler (2009) als Kernidentität interpretiert werden kann.

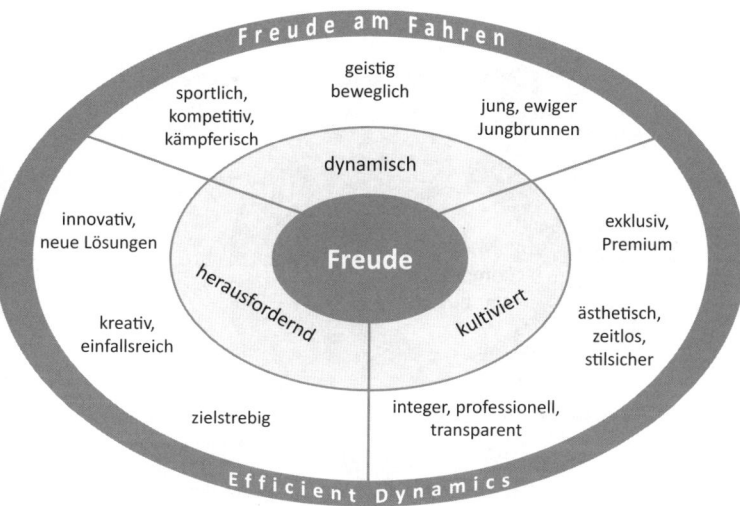

Abb. 3.3 Das BMW-Markenmodell (in Anlehnung an Esch 2012, S. 98)

Beispiel: Die Identität der Marke Jack Daniels

Mit dem Markensteuerrad kann beispielsweise die Marke Jack Daniels wie folgt beschrieben werden (Esch 2012, S. 102):

- Markenkompetenz: Der originale Tennessee Whisky.
- Markennutzen: Überlegener Geschmack.
- Markenattribute: Lange Reifezeit, spezielles Filterverfahren, reine und natürliche Zutaten, sorgfältige Zubereitung.
- Markenbild: Die visuellen Elemente des kommunikativen Auftritts, z. B. die charakteristische Flasche, die Destillerie in Tennessee, die Mitarbeiter beim Rollen der Fässer.
- Markentonalität: Traditionell, ursprünglich, uramerikanisch, entspannte Atmosphäre in der Werbung.

3.1.2.3 Identitätsprisma von Kapferer

Das Identitätsprisma von Kapferer unterteilt die Identität einer Marke in sechs Bereiche (◘ Abb. 3.5). Da es zwischen dem Bild des Senders und dem des Empfängers unterscheidet, ist es kein reines Identitätsmodell. Interpretiert man das Empfängerbild aber als Zielvorstellung, so lässt sich das Modell auch zur Formulierung der Markenidentität einsetzen. Zusätzlich werden die sechs Elemente danach differenziert, ob sie das Bild der Marke nach außen oder nach innen vermitteln. Elemente der Außen-Orientierung sind das Erscheinungsbild der Marke, die Beziehung der Marke zu

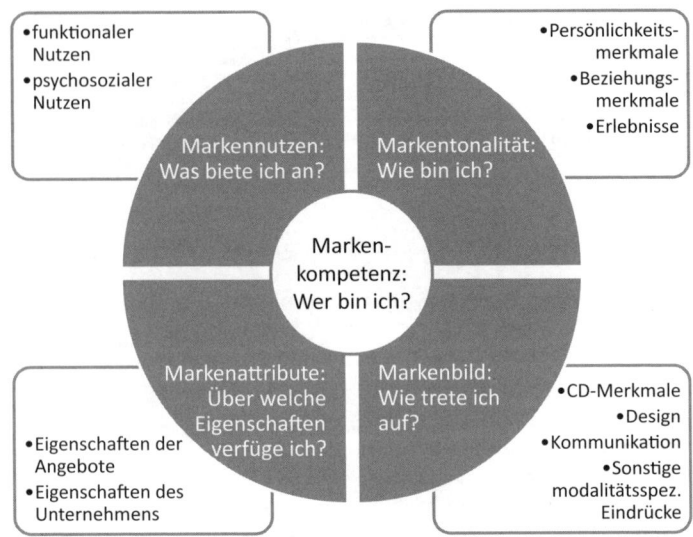

● **Abb. 3.4** Das Markensteuerrad nach Esch (in Anlehnung an Esch 2012, S. 102)

ihren Nutzern sowie die Reflexion des Nutzers über den typischen Kunden der Marke. Elemente der Innen-Orientierung sind die Persönlichkeit der Marke, die Kultur, die die Marke prägt, aber gegebenenfalls auch von der Marke geprägt wird, sowie die Selbstprojektion des Kunden, also das Kunden-Selbstbild, welches durch die Nutzung entsteht (Kapferer 1992, S. 56).

Beispiel: Die Identität der Marke Ralph Lauren

Mit dem Identitätsprisma kann beispielsweise die Marke Ralph Lauren wie folgt beschrieben werden (Kapferer 2008, S. 188):

— Außen-Orientierung der Marke:
  — Das Erscheinungsbild der Marke reicht von „casual" bis formal, ist aber immer komfortabel.
  — Die Beziehung der Marke zu ihren Nutzern ist besonders und exklusiv.
  — Der typische Nutzer ist vom Schlage eines idealen Schwiegersohns: junge Männer mit einer hohen sozialen Stellung, wohlhabend und nett.
— Innen-Orientierung der Marke:
  — Die Persönlichkeit der Marke beruht auf einer ausgeprägten Selbstsicherheit.
  — Die durch die Marke vermittelte Kultur ist amerikanisch, luxuriös und elitär.
  — Das von der Marke vermittelte Kunden-Selbstbild lässt sich wie folgt zusammenfassen: „I belong to my time. I am fashionable. I am the elite".

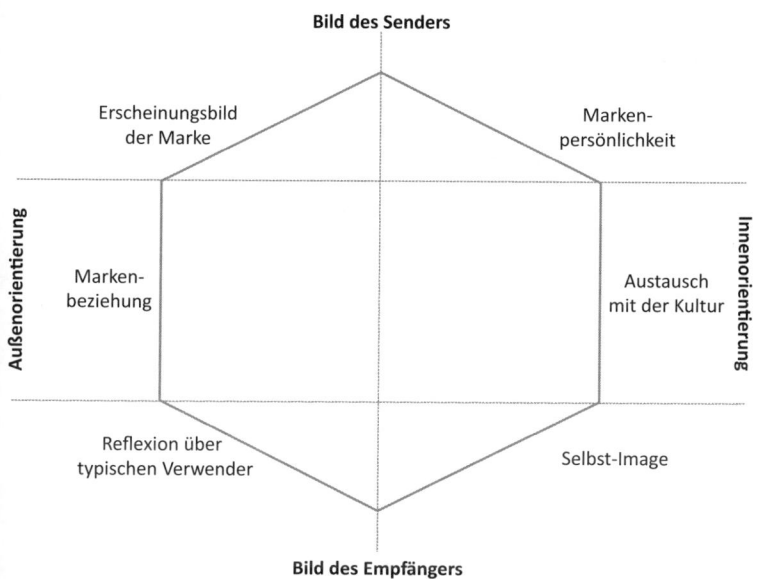

Abb. 3.5 Das Identitätsprisma von Kapferer (in Anlehnung an Kapferer 1992, S. 51)

3.1.2.4 Markendiamant von McKinsey

Der Markendiamant von McKinsey wurde eigentlich zur Analyse des Markenimages entwickelt. Bei einem identitätsbasierten Verständnis kann das Modell allerdings auch als Kernmodell eingesetzt werden. Es unterscheidet zwischen den Merkmals- und den Nutzendimensionen einer Marke. Merkmale oder auch Attribute einer Marke werden unabhängig von ihrem Konsum mit ihr in Verbindung gebracht, Nutzenelemente befriedigen ein konkretes Bedürfnis des Konsumenten (Perrey und Meyer 2011, S. 186). Der Nutzen kann emotional oder rational sein, die Attribute lassen sich in tangible und intangible Attribute unterscheiden. Somit ergeben sich vier Felder, die in ◻ Abb. 3.6 dargestellt sind.

Perrey und Meyer (2011, S. 190) legen dar, dass Marken alle vier Facetten des Markendiamanten abdecken müssen, starke Marken jedoch häufig spezifische Stärken innerhalb eines der Felder aufweisen. Hierfür nennen sie einleuchtende Beispiele:

》 Während die Marke The Body Shop sich vor allem im Bereich der tangiblen Attribute durch das soziale Engagement gegen Tierversuche … differenziert, sind es bei Apple vor allem die intangiblen Persönlichkeitsattribute wie „innovativ" oder „einfach", welche die Marke aus das Masse herausstechen lassen. Skoda hat seine besonderen

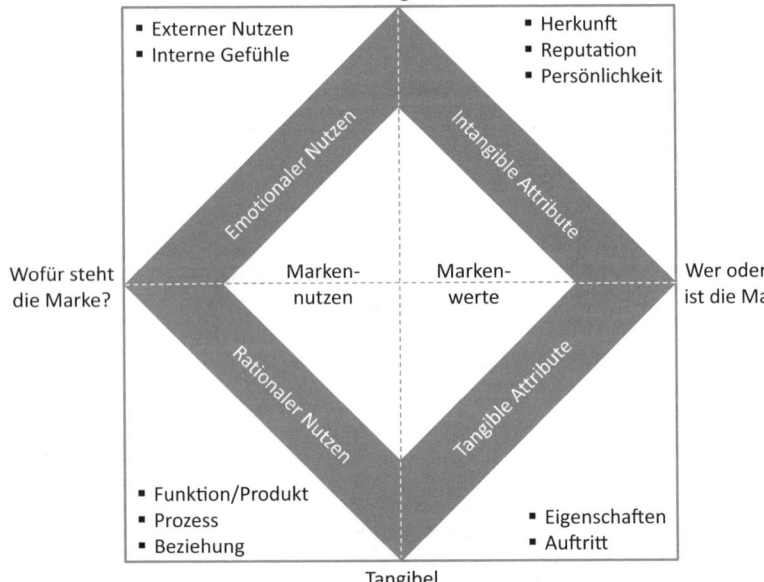

Intangibel

- Externer Nutzen
- Interne Gefühle

- Herkunft
- Reputation
- Persönlichkeit

Wofür steht die Marke?

Marken-nutzen   Marken-werte

Wer oder was ist die Marke?

- Funktion/Produkt
- Prozess
- Beziehung

- Eigenschaften
- Auftritt

Tangibel

D Abb. 3.6 Der Markendiamant von McKinsey (in Anlehnung an Perrey und Meyer 2011, S. 187)

Stärken im Bereich der rationalen Nutzenelemente wie „hohe Funktionalität" oder „zuverlässige Qualität", während Starbucks seinen Kunden emotionale Faktoren wie „erschwinglichen Luxus" oder den viel zitierten Zugang zu einem „genussvollen Lebensstil am dritten Ort" verspricht.

3.1.2.5 Das Identitätsmodell von Burmann

Das in **D** Abb. 3.7 dargestellte Identitätsmodell von Burmann gliedert sich in sechs Bereiche (Burmann et al. 2012, S. 45 ff.): Zunächst sind die Herkunft der Marke („Woher kommen wir?") und ihre Vision („Wohin wollen wir?") zu klären. Während eine umfassende Betrachtung der Herkunft für die Glaubwürdigkeit der Marke sorgt, bildet die Vision als Entwicklungskomponente eine Zieldimension ab. Wenn Herkunft und Vision geklärt sind, können die Persönlichkeit der Marke („Wie treten wir auf?"), ihre Werte („Woran glauben wir?") und ihre Kompetenzen („Was können wir?") festgeschrieben werden. Diese drei Faktoren bestimmen wiederum den Leistungsbereich der Marke, der die Frage beantwortet, welche konkreten Leistungen die Marke anbietet.

□ Abb. 3.7 Das Modell der Markenidentität nach Burmann (Quelle: Burmann et al. 2012, S. 44)

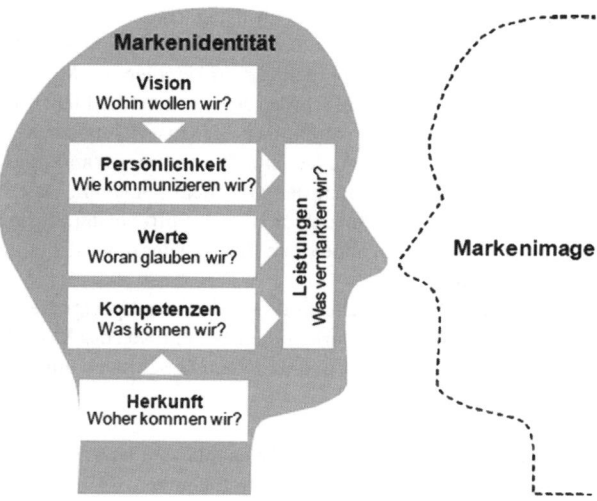

Markenidentität als Selbstbild der internen Zielgruppen von der Marke

3.1.2.6 Zusammenfassende Würdigung der dargestellten Identitätsmodelle

Markenmodelle befähigen Management und Mitarbeiter, im Sinne der Marke zu entscheiden und zu handeln (Baetzgen 2011, S. 105). Weil sie die Dinge auf den Punkt bringen, setzen sie Leitplanken für ein selbstbestimmtes, aber markenkonformes Handeln. Zudem dienen sie den Unternehmen als Symbole ihrer Markenorientierung: Sie führen den internen Anspruchsgruppen vor Augen, dass die Marke im Unternehmen als wichtiges Gut angesehen wird.

Die Darstellungsvielfalt der Identitätsmodelle ist beinahe so groß wie ihre Anzahl. Bei der Modellauswahl gilt die Regel, dass Inhalt vor Gestaltung geht: Qualitativ hochwertige Inhalte der Modelle sind wichtiger als ihre kreative oder ausgefallene Gestaltung. Zudem sollten die Modelle einfach anzuwenden und zu verstehen sein.

Das Brand-Leadership-Modell von Aaker und Joachimsthaler ist ein grundlegendes Modell, das viele nachfolgende Modelle erheblich beeinflusst hat. Es ist einfach anzuwenden und intuitiv zu verstehen. Zudem lässt es sich hervorragend gemäß den eigenen Zielstellungen adaptieren. Nachteilig ist, dass der Unterschied zwischen der Kernidentität und der erweiterten Identität oftmals nicht problemlos zu bestimmen ist. Das Markensteuerrad nach Esch ist in der Praxis weit verbreitet, jedoch nicht immer einfach zu handhaben, da die Unterschiede zwischen der Markentonalität und den Markenattributen nicht sofort einleuchten. Mitunter fragt man sich auch, wie das Modell als Orientierungsrahmen für das Handeln der Mitarbeiter eingesetzt werden kann. Dies ist gleichfalls die Schwachstelle sowohl des Identitätsprismas nach Kapferer als auch des Markendiamanten nach McKinsey: Aus der Kenntnis der Innen- und Außenwirkung einer Marke lassen sich zu wenige Handlungsempfehlungen für das markenorientierte Verhalten der Mitarbeiter ableiten. Das Modell nach Burmann schließlich bietet das Potenzial für einen intuitiv verständlichen Bezugsrahmen, es ist aber rein selbstbezogen, ohne einen Abgleich der Innensicht mit der Außenperspektive sicherzustellen.

Alle genannten Modelle sind bewährte und geeignete Modelle zur Definition und Visualisierung der Markenidentität. Für welches Modell man sich entscheidet, hat immer auch etwas mit persönlichem Geschmack und der eigenen Zielrichtung zu tun.

> **Auf den Punkt gebracht: Modelle der Markenidentität setzen Leitplanken für ein markenkonformes Handeln im Unternehmen.**

3.2   Markenpositionierung

3.2.1   Zum Verständnis des Begriffs „Markenpositionierung"

Aufbauend auf der Identität der Marke gilt es in einem nachfolgenden Schritt, ihre Positionierung festzulegen. Die Markenidentität beschreibt, wie die Marke wirklich ist und welche Themen sie glaubhaft besetzen kann (▶ Abschn. 3.1). Die Positionierung drückt aus, was die Marke über sich aussagt und wie sie anderen gegenüber agiert, um ihre Ziele zu erreichen.

> **Merke!**
>
> Die **Positionierung** einer Marke drückt aus, was die Marke über sich aussagt und wie sie anderen gegenüber agiert, um ihre Ziele zu erreichen.

Da somit die Positionierung auf der Markenidentität basiert und aus ihr abgeleitet wird, muss sie zuvorderst der Anforderung genügen, glaubwürdig zu sein. Werbeversprechen, die für den Kunden aus seiner subjektiven, vorurteilsbehafteten Perspektive nicht erlebbar sind, können nicht zu einer tragfähigen Positionierung beitragen.

Beispiel: Werbekampagne der ERGO Versicherung

Der Slogan der ERGO Versicherung lautet „Versichern heißt verstehen". Vor einiger Zeit warb das Unternehmen zudem mit Aussagen wie „Ich will Klartext, keine Klauseln" und „Ich will versichert werden, nicht verunsichert". Wenn man allerdings zeitgleich auf der Website der ERGO nach den Allgemeinen Versicherungsbedingungen (AVB) suchte, wurde man aufgefordert, Kontakt zum „ERGO-Außendienstmitarbeiter Ihres Vertrauens" aufzunehmen. Hier stellt sich die Frage, ob dies eine Positionierung als transparenter Anbieter, der mit seinen Kunden Klartext spricht, nicht eher behindert als fördert.

Mit dem Begriff der Positionierung wird im Marketing allgemein das gezielte Herausstellen von Leistungen verstanden, um ein Unternehmen, eine Dienstleistung oder ein Produkt eindeutig und positiv von anderen Unternehmen, Dienstleistungen oder Produkten zu differenzieren (De Pelsmacker et al. 2013, S. 138; Bruhn 2010, S. 67 f.). Keller (1993, S. 6; mit Verweis auf Aaker 1982; Ries und Trout 1979; Wind 1982) definiert den Begriff der Positionierung als nachhaltigen Wettbewerbsvorteil oder auch USP („unique selling proposition"), „that gives consumers a compelling reason for buying that particular brand". Burmann et al. (2012, S. 73) folgen dieser Definition und setzen daher die Markenpositionierung mit dem Markennutzenversprechen gleich:

>> Es verdichtet die Komponenten der Markenidentität zu sehr wenigen, kurzen Aussagen und übersetzt diesen verdichteten Kern in ein für die externe Zielgruppe leicht verständliches Versprechen über die von der Marke gebotene Bedürfnisbefriedigung.

Eine tragfähige Positionierung ist also nicht nur glaubwürdig (authentisch), sondern zudem für die Kunden relevant und gegenüber dem Wettbewerb differenzierend. Sie ist letztlich der Hebel, um ein positives Image aufzubauen.

> **Auf den Punkt gebracht: Eine Markenpositionierung muss drei Anforderungen erfüllen: Sie muss glaubwürdig, für Kunden relevant und gegenüber dem Wettbewerb differenzierend sein.**

3.2.2 Vorgehensweise

Typischerweise unterscheidet das Marketing zwischen dem klassischen Positionierungsmodell und der proaktiven Positionierung. Beim klassischen Positionierungsmodell

>> werden in einem ersten Schritt sich ausschließende, kaufrelevante Eigenschaftsdimensionen oder Nutzenmerkmale bestimmt, die den so genannten Positionie-

rungsraum aufspannen. Anschließend werden einerseits die Idealvorstellungen der Verbraucher, andererseits die subjektiv wahrgenommenen Positionen der verschiedenen sich konkurrenzierenden Marken mittels klassischer Marktforschung abgefragt und im Positionierungsraum eingetragen. Zum Schluss wird nach einer so genannten Positionierungslücke, einem durch die Konkurrenz noch nicht besetzten, aber Erfolg versprechenden Feld gesucht. (Walter 2006, S. 99)

Bei der proaktiven Positionierung wird versucht,

> **»** ein latentes, dem Verbraucher bislang lediglich unterbewusst bekanntes, aber dennoch relevantes Bedürfnis z. B. mittels explorativer Marktforschung zu finden und im Anschluss in einzigartiger Weise zu besetzen. (Walter 2006, S. 99)

Beide Vorgehensweisen haben ihre Berechtigung, sie sind aber unbedingt mit der Markenidentität abzugleichen, da nur hierdurch gewährleistet werden kann, dass die Positionierung nicht nur den Kriterien der Differenzierung und Relevanz entspricht, sondern auch tatsächlich durch die Marke glaubwürdig besetzt werden kann. In der Praxis der Markenführung hat sich deshalb folgende Vorgehensweise bewährt:

Zunächst einmal muss Klarheit darüber herrschen, für welche Kundengruppen die Marke attraktiv ist oder sein kann. Wen zieht die Marke an? Welche potenziellen Kunden teilen ihre Werte? Wer könnte „Fan" der Marke sein? Einer Marke im Kaffee- oder Süßwarenmarkt beispielsweise, deren Identität auf Tradition und Beständigkeit basiert, dürfte es nur schwer gelingen, junge, progressive Zielgruppen dauerhaft anzusprechen. Eine Marke des Automobilsektors hingegen, deren Identität als aggressiv und sportlich beschrieben werden kann, dürfte für ökologisch denkende oder sicherheitsorientierte Milieus nur wenig anziehend sein. Das Unternehmen Sinus, welches Markt- und Sozialforschung betreibt, hat ein Modell entwickelt, welches Menschen nach ihren Lebensauffassungen und Lebensweisen gruppiert. Viele Informationen über die Werteorientierung, die entsprechenden Präferenzen und Kommunikationsmuster innerhalb dieser Gruppen sind vorhanden. Das Modell von Sinus bildet somit zumindest für viele Marken des Konsumgütersektors eine geeignete Basis für die weiteren Diskussionen innerhalb der Phase der Markenpositionierung. Mit seiner Hilfe kann die Frage beantwortet werden, welche Kunden mit der Marke eine Wertegemeinschaft bilden können. Marken des Investitionsgütersektors dürften sich zur Bestimmung ihrer Zielgruppen eher an der konkreten Erwartungshaltung potenzieller Kunden orientieren.

Beispiel: Die Erwartungshaltung gegenüber der Marke Heidelberg
Die Heidelberger Druckmaschinen AG ist ein weltweit agierendes Unternehmen, das sich vom traditionellen Druckmaschinenhersteller zum Lösungsanbieter für die gesamte Printmedien-Industrie gewandelt hat. Basierend auf der Identität der Marke Heidelberg existiert

im Unternehmen eine klare Vorstellung darüber, welche Erwartungshaltung ein Abnehmer haben muss, um potenzieller Kunde sein zu können. Formuliert aus der Kundenperspektive lautet diese (Nuneva 2012, S. 322): "I need a committed partner providing products, flexible solutions and services on premium level which are not only focused on my needs but also give me the flexibility of adaption to changing market trends. A partner who not only contributes with new ideas and opportunities to my business success but also broadens visions and plays a forward taking role."

Auf Grundlage der Wettbewerbsanalyse (▶ Abschn. 2.2) sowie der Analyse der Kundenbedürfnisse und zentralen Entwicklungen (▶ Abschn. 2.3) sind in der Folge mögliche Eigenschaftsdimensionen oder Nutzenmerkmale zu bestimmen, die den Positionierungsraum aufspannen. Diese sogenannten Positionierungskriterien müssen sodann darauf hin überprüft werden, ob sie zur Marke passen (Authentizität), ob sie für die Kunden und potenziellen Kunden wichtig sind (Relevanz) und ob sie von keinem direkten Wettbewerber vereinnahmt werden (Differenzierung). Nur wenn alle drei Kriterien zutreffen, sind langfristig erfolgversprechende Positionierungsbereiche gefunden. Alle weiteren markenrelevanten Unternehmensaktivitäten sind hiernach diesbezüglich abzugleichen, ob sie der definierten Positionierung entsprechen. Schließlich sollen bestenfalls sämtliche Umsetzungsaktivitäten – d. h. nicht nur die Ausgestaltung der Marketinginstrumente, sondern der gesamte Auftritt des Unternehmens und seiner Mitarbeiter an den Markenkontaktpunkten – auf die Positionierung einzahlen (▶ Kap. 4).

Die skizzierte Vorgehensweise kann zu einer Vielzahl relevanter und starker Positionierungskriterien führen. Erfahrungsgemäß sind es jedoch nicht mehr als acht bis zehn Kriterien, die tatsächlich den drei Anforderungen gerecht werden. Um die Positionierung in der Folge weiter zu vertiefen und zudem nach innen, gegenüber den Mitarbeitern, zu verdeutlichen, sollten die gewählten Positionierungskriterien zu einem Positionierungsstatement verdichtet werden. Im Idealfall entsteht hieraus eine einzigartige Aussage, die in wenigen Sätzen aufzeigt, worin genau der Wettbewerbsvorteil der Marke besteht. Kann diese Positionierung sogar nur zu einem Wort verdichtet werden, erscheint sie besonders erfolgversprechend. Koch (2006, S. 149 ff.) spricht hier von der „Ein-Wort-Strategie", Gietl (2014, S. 102) vom „Ein-Wort-Wert".

》 Wir haben alle Kernwerte im Gehirn mit der Marke verknüpft und gespeichert – ob wir wollen oder nicht. Mit Volvo verbinden wir Sicherheit. Mit BMW Freude. Mit Audi Vorsprung. (Koch 2006, S. 149)

Beispiel: Positionierungsstatement des Unternehmens PPD Paperproducts Design GmbH, Meckenheim

„Aus einem traditionsreichen Familienunternehmen der Papierbranche hervorgegangen, waren wir die ersten mit modernem Design auf der Serviette. Heute entwickeln wir für unsere vorwiegend weibliche Zielgruppe Produkte für ein schönes Zuhause. Wir arbeiten mit Lust an kreativen Veränderungen sowie modernem Design und agieren wie ein Modeunternehmen. Als attraktive Marke sind wir ein starker Partner des Handels."

Weiterhin empfehlen Koch (2010, S. 211 f.) und Feige (2007, S. 229) – beide Berater bei der Markenberatung Brand Trust (Nürnberg) –, im Rahmen der Positionierung über die Formulierung einer sogenannten Nummer-eins-Position nachzudenken:

> » Wer war der erste Mann auf dem Mond? Wer der Zweite? Wer flog zuerst über den Atlantik? Wer war der Zweite? Welches ist der höchste Berg Deutschlands? Welcher der Zweithöchste? Die größte Stadt Österreichs? Die Zweitgrößte? (Koch 2010, S. 211)

Dabei sollten drei Faktoren unbedingt erfüllt sein, um im Bewusstsein der relevanten Öffentlichkeit eine Nummer-eins-Position glaubwürdig zu erobern (Koch 2010, S. 212): Ein möglichst relevantes Kriterium sollte in einer möglichst großen Kategorie innerhalb eines möglichst großen Bezugsrahmens besetzt werden.

Beispiel: Tragfähige Nummer-eins-Positionierungen
Wenn man mit offenen Augen die Kommunikation von Unternehmen betrachtet, findet man Nummer-eins-Positionierungen in allen Bereichen. Die schottische Whiskey-Manufaktur *The Edradour* nennt sich „The Smallest Distillery in Scotland" und kommuniziert dies nicht nur auf dem Eingangsschild zur Probierstube, sondern beispielsweise auch auf den Etiketten der Flaschen. Die *Berliner Tageszeitung* bezeichnet sich auf ihrem Titelblatt als „Berlins Grösste Zeitung". Die *Generationsbrücke Deutschland* schreibt auf der Einstiegsseite ihrer Homepage, sie sei „das erste generationenverbindende Sozialunternehmen Deutschlands". Über das Berliner China-Restaurant *Lon-Men* kann man auf dem Schild neben dem Eingang nachlesen: „Die älteste chinesische Gaststätte in Berlin". Und die *GLS Bank* bezeichnet sich als „erste sozial-ökologische Universalbank".

> ❯ Auf den Punkt gebracht: Mögliche Positionierungskriterien, die im Rahmen der Markenanalyse erarbeitet wurden, sind in der Phase der Markenpositionierung dahingehend zu überprüfen, ob sie die Anforderungen der Glaubwürdigkeit, Relevanz und Differenzierung erfüllen. Ist dies der Fall, so sind sie die für die Markenführung relevanten Dimensionen des Positionierungsraums. In der Folge sollten sie zu einem Positionierungsstatement, zu einem Ein-Wort-Wert und ggf. zu einer Nummer-eins-Position verdichtet werden.

3.3 Markenarchitektur und Markenportfolio

3.3.1 Festlegung der Markenarchitektur

Die bisherigen Ausführungen haben sich auf die Notwendigkeiten des Managements einer Marke, z. B. einer Unternehmensmarke, bezogen. Führt ein Unternehmen lediglich eine einzige Marke, so pflegt sie eine Monomarke. Oftmals existieren jedoch mehrere Marken in einem Unternehmen. In diesen Fällen sind zwei Begrifflichkeiten voneinander zu unterscheiden (Redler 2012, S. 119):

- Eine **Multimarken-Strategie** liegt vor, wenn ein Unternehmen mit mehreren Marken arbeitet, die jedoch auf unterschiedliche Märkte ausgerichtet sind. So gehören zum Markenportfolio der Metro AG u. a. die Marken Kaufhof (Warenhäuser), Real (SB-Warenhaus), Media Markt und Saturn (Elektronikmärkte) sowie die Großhandelsmärkte, die unter dem Markennamen Metro geführt werden.

- Bei einer **Mehrmarken- oder Parallelmarkenstrategie** richten sich mehrere Marken eines Unternehmens an denselben Markt, werden jedoch organisatorisch getrennt geführt. Ein Beispiel hierfür ist die Media-Saturn-Holding GmbH, Europas größte Elektronik-Fachmarktkette, die mit den Marken Media Markt und Saturn agiert.

Werden mehrere Marken geführt, muss das Markenmanagement neben der Bestimmung der jeweiligen Markenidentität und der Festlegung ihrer Positionierungen auch darüber entscheiden, wie die Beziehungen der einzelnen Marken zueinander auszugestalten sind. In diesem Zusammenhang werden in der Literatur unterschiedliche, teils widersprüchliche Begrifflichkeiten verwendet. Bewährt hat sich hier der Ansatz von Redler (2012, S. 119 ff.), der zwischen einer horizontalen und einer vertikalen Perspektive unterscheidet.

Die **horizontale Betrachtung** ist produktbezogen und ordnet Leistungen den Marken zu. Eine einfache Möglichkeit, Leistungen zuzuordnen, bietet die **Einzel- oder Produktmarkenstrategie**. Dabei wird jede Leistung eines Unternehmens als eigenständige Marke geführt. Zum Beispiel Henkel: Die Marken Schwarzkopf, Persil, Somat, Schauma, Pattex, Pritt und viele weitere repräsentieren einzelne Leistungen. Die **Gruppenmarkenstrategie** hingegen fasst Leistungen eines Unternehmens unter eine Grup oder mehrere Marken zusammen. Die übergeordnete Marke wird dann als **Dachmarke** oder – wenn sie gleichzeitig das Unternehmen darstellt – auch als **Unternehmensmarke** bezeichnet. Die Marke Siemens ist beispielsweise sowohl eine klassische Dachmarke als auch eine Unternehmensmarke, da alle Leistungen des Unternehmens unter der Marke Siemens zusammengefasst werden und die Marke Siemens namensgleich mit

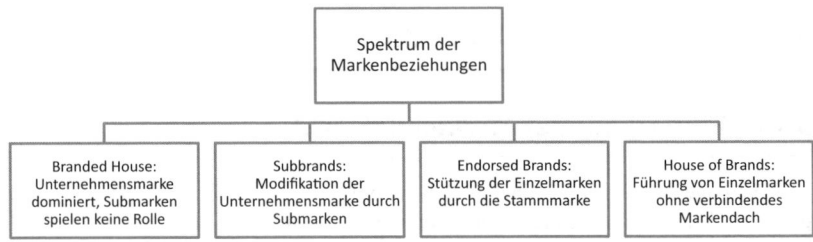

Abb. 3.8 Spektrum der Markenbeziehungen (in Anlehnung an Aaker und Joachimsthaler 2000)

dem Unternehmen Siemens AG ist. Die Marke Nivea kann ebenfalls als Dachmarke interpretiert werden, da unter ihrem Namen die Submarken Nivea Creme, Nivea Men, Nivea Sun, Nivea Soft etc. am Markt auftreten. Sie ist aber keine Unternehmensmarke, da sie zu dem Unternehmen Beiersdorf gehört. Existieren mehrere solcher Gruppierungen, so spricht man von **Familienmarken**. Die Firma Nestlé bearbeitet ihre Märkte z. B. mit den Familienmarken Nescafé, Nespresso, Alete und Maggi. Einen Vergleich der Einzel- und Gruppenmarkenstrategie im Hinblick auf ausgewählte Kriterien gibt ■ Tab. 3.1.

Die aufgezeigten Unterscheidungen zwischen den einzelnen Formen der Marke sind nicht immer stringent zu treffen, da sich die Markenstrategien in der heutigen Zeit vermischen, was zu einer steigenden Komplexität führt. So wurde zuvor Henkel als Beispiel für ein Unternehmen genannt, welches eine Einzelmarkenstrategie verfolgt. Gleichzeitig setzt Henkel in den vergangenen Jahren aber auch zunehmend auf seine starke Dach- bzw. Unternehmensmarke. Vergleichbares gilt für das Unternehmen Nestlé. Aus diesem Grund ist es heute von besonderer Relevanz, wie Unternehmens-, Dach-, Familien- und Einzelmarken durch Unter- und Überordnungsverhältnisse miteinander in Beziehung stehen. Hierbei spricht man von einer **vertikalen Betrachtung** (Redler 2012, S. 120 f.).

Einen geeigneten Bezugsrahmen, um das Spektrum vertikaler Markenverknüpfungen aufzuzeigen, bietet das „Brand Relationship Spectrum" nach Aaker und Joachimsthaler (2000)(■ Abb. 3.8). Das Modell unterscheidet zwischen vier verschiedenen Ansätzen, die zudem weiter unterteilt werden können:

- Bei einem „**Branded House**" dominiert die Unternehmensmarke. Submarken spielen so gut wie keine Rolle. BMW oder UPS sind hierfür gute Beispiele.
- Von „**Subbrands**" spricht man, wenn die Unternehmens- oder Dachmarke durch Submarken modifiziert wird. Rasierer und Klingen von Gillette Sensor wären in diesem Sinne genauso „Subbrands" wie der VW Golf oder der Apple IPod.
- „**Endorsed Brands**" liegen vor, wenn die Einzelmarke durch die Dachmarke gestützt wird. Die Hotelkette Courtyard, die mit dem Zusatz „by Marriott" auftritt,

◻ **Tab. 3.1** Vergleich der Einzel- und Gruppenmarkenstrategie

Kriterium	Einzelmarkenstrategie	Gruppenmarkenstrategie
Möglichkeit zu Profilierung	Die einzelnen Marken können gezielt auf die Bedürfnisse spezifischer Zielgruppen zugeschnitten werden.	Die Dachmarke steht für eine Vielzahl an Leistungen und kann somit nur begrenzt auf die Bedürfnisse spezifischer Zielgruppen zugeschnitten werden.
Budget für Markenführung	Mehrere Marken müssen nebeneinander geführt werden, was in der Regel zu höheren Budgets führt.	Die Markenführung kann sich auf eine Marke oder, bei der Familienmarkenstrategie, auf wenige starke Marken konzentrieren, was zumeist zu geringeren Kosten der Markenführung führt.
Flexibilität	Die Flexibilität ist hoch, da mit der Einführung neuer Marken schnell auf spezifische, neu entstehende Bedürfnisse reagiert werden kann.	Die Flexibilität ist vergleichsweise geringer, da neue Leistungen unter das Dach einer bestehenden Marke zu integrieren sind und hierbei ein hoher Koordinationsaufwand zu leisten ist.
Risiko	Das Risiko ist insgesamt geringer, da der Umsatz auf mehrere Schultern verteilt wird und sich negative Entwicklungen oder Fehlleistungen nicht zwangsläufig auf die anderen Marken auswirken.	Das Risiko ist insgesamt höher, da sich eine Fehlleistung in einem Leistungsbereich auf sämtliche Leistungsbereiche auswirken kann (negativer Imagetransfer).
Imageaufbau	Jede einzelne Marke muss ihr Image aufbauen. Von Erfolgen anderer Konzernmarken kann nur begrenzt profitiert werden.	Einzelne Leistungsbereiche können vom Image der Dachmarke profitieren (positiver Imagetransfer).
Innovationscharakter	Im Rahmen von Markteinführungen ist es häufig einfacher, mit einer neuen Marke ein Innovationsimage aufzubauen.	Ein Innovationscharakter ist schwerer zu vermitteln.

ist ein gutes Beispiel für eine solche Marke. Auch die Versicherung Provinzial, die den Zusatz „Die Versicherung der Sparkassen" führt, kann als unterstützte Marke angesehen werden.

▬ In einem „**House of Brands**" werden mehrere Einzelmarken ohne ein verbindendes Markendach geführt. Procter & Gamble mit den Marken Pantene, Always, Pampers, Blend-a-med, Duracell etc. ist hierfür ein gutes Beispiel.

3.3.2 Management des Markenportfolios im Zeitverlauf

Da mit dem Management von Marken häufig Wachstumsziele verbunden sind, ist das Markenportfolio in aller Regel dynamischen Veränderungen ausgesetzt. Die entsprechenden Begrifflichkeiten bedürfen hier der Klärung:

▬ Eine **Produktlinienerweiterung** liegt dann vor, wenn ein neues Produkt unter einem bestehenden Markennamen in der bisherigen Produktkategorie, in der die Marke beheimatet war, eingeführt wird. Sie stellt im engeren Sinne keine Maßnahme der Markenführung, sondern der Produktpolitik dar.

▬ Unter einer **Markenerweiterung** versteht man das Vordringen einer Marke in eine neue Produktkategorie, wobei der bestehende Markenname genutzt wird bzw. eine besondere Rolle spielt. Der Einstieg von McDonalds ins Kaffeegeschäft (McCafé) war ebenso eine Markenerweiterung wie der Einstieg der Spielzeugmarke Lego in den Markt für Kinderbekleidung. Sowohl die Produktlinien- als auch die Markenerweiterung werden mitunter als Formen der Markendehnung charakterisiert.

▬ Wird durch ein Unternehmen ein neuer Markenname in eine bestehende Produktkategorie eingeführt, in der das Unternehmen bisher und auch weiterhin mit einer anderen Marke agiert, handelt es sich um eine **flankierende Marke**. Das Unternehmen verfolgt dann eine Mehrmarkenstrategie (▶ Abschn. 3.3.1). Als Henkel vor vielen Jahren das Waschmittel Spee einführte, war Spee die flankierende Marke zu Persil. Die Uhrenmarke Tudor kann ebenfalls als flankierende Marke zu Rolex interpretiert werden.

▬ Eine **neue Marke** liegt dann vor, wenn ein neuer Markenname zum Einstieg in eine neue Produktkategorie genutzt wird. So gab die Deutsche Post vor kurzem bekannt, dass man zukünftig unter dem Namen Post Reisen auch Urlaubsangebote vermarkten möchte. Lufthansa wird 2015 unter dem Namen Eurowings eine neue Billigmarke für Langstreckenflüge einführen.

Veränderungen im Markenportfolio sind nur behutsam vorzunehmen. Eine Markenerweiterung beispielsweise kann zwar zu Umsatzwachstum im neuen Segment, zu einer stärkeren Marktpräsenz und somit auch zu einer Erhöhung des Bekanntheitsgrades der Marke führen. Allerdings können Akzeptanzprobleme des Erweiterungsproduktes ggf. auch negative Auswirkungen auf das Geschäft im Stammmarkt zeitigen. Die jeweiligen Chancen und Risiken der Veränderungen im Markenportfolio sind also immer sorgfältig abzuwägen.

3.4 Lern-Kontrolle

Kurz und bündig

Jeder Markenverantwortliche sollte ein klares Bild von der Identität seiner Marke haben. Diese Markenidentität gibt vor, für was die Marke zunächst nach innen und später auch nach außen stehen soll. Sie basiert auf der Analyse besonderer Fähigkeiten und Merkmale, die in glaubwürdiger Weise mit der Marke verbunden sind. Entsprechende Modelle der Markenidentität befähigen Management und Mitarbeiter, im Sinne der Marke zu entscheiden und zu handeln.

Die Markenpositionierung soll auf Basis der Identität der Marke einen besonderen Kundennutzen aufzeigen und zu einer Differenzierung gegenüber Wettbewerbsmarken beitragen. Bestandteile der Positionierung sind u. a. Positionierungskriterien, die es bei allen markenbezogenen Aktivitäten zu berücksichtigen gilt, sowie Positionierungsstatements. Idealerweise kann die Positionierung auf einer Nummer-eins-Position aufbauen und zu einem Ein-Wort-Wert verdichtet werden.

Bietet ein Unternehmen mehrere Leistungsbereiche an, so ist über die Art der Marke eine Entscheidung zu treffen: Man unterscheidet hier zwischen Einzelmarkenstrategien und Gruppenmarkenstrategien. Bei letzteren spielen Markenfamilien, Dachmarken und Unternehmensmarken eine Rolle. Da die Markenportfolios immer komplexer werden, sollte sich das Markenmanagement ebenfalls Gedanken über die gegenseitigen Beziehungen zwischen Marken machen. Hier sind von der Branded-House- bis zur House-of-Brands-Strategie einige Ordnungsansätze denkbar. Darüber hinaus entwickeln sich Markenportfolios im Zeitverlauf durch Markendehnungen, durch flankierende Marken sowie durch neue Marken.

❷ Let's check

1. Definieren Sie die Begriffe Markenidentität, Markenimage und Markenpositionierung.
2. Warum werden Modelle der Markenidentität in der Praxis benötigt?
3. Welche Modelle der Markenidentität kennen Sie?
4. Skizzieren Sie das Brand-Leadership-Modell von Aaker.
5. Durch welche Kriterien zeichnet sich eine tragfähige Positionierung aus?
6. Welche Elemente sind mögliche Bestandteile einer Positionierungsstrategie?
7. Warum sind die Definition einer Nummer-eins-Position und eines Ein-Wort-Wertes anzuraten?
8. Welche grundlegenden Typen der Markenarchitektur gibt es?

9. Wie beschreiben Aaker und Joachimsthaler die möglichen Markenbeziehungen innerhalb eines Unternehmens?
10. Welche Möglichkeiten gibt es, Markenportfolios im Zeitverlauf zu verändern, und wo sehen Sie die jeweiligen Chancen und Risiken?

❓ Vernetzende Aufgaben

▬ Definieren Sie aus Ihrer Sicht die Identität einer Marke Ihrer Wahl nach einem der in ▶ Abschn. 3.1 skizzierten Marken-Identitätsmodelle.

▬ Überlegen Sie, welche Vor- und Nachteile die in ▶ Abschn. 3.1 skizzierten Marken-Identitätsmodelle aufweisen, und vergleichen Sie diese miteinander. Welches Modell würden Sie nutzen, wenn Sie für die Markenführung in einem Unternehmen verantwortlich wären?

▬ Arbeiten Sie sich in zwei weitere Modelle der Markenidentität und -positionierung ein, z. B. in den Positionierungsansatz nach Baumgarth (2014, S. 225 f.) oder das Brand Personality Gameboard von McKinsey (Perrey und Meyer 2011, S. 299 ff.).

▬ Aaker und Joachimsthaler (2009) schlagen in ihrem Brand-Leadership-Modell vor, zur Definition der Markenidentität die Marke als Produkt, als Organisation, als Person und als Symbol zu analysieren und diese Bereiche als Suchfelder für identitätsstiftende Charakteristika zu nutzen. Arbeiten Sie sich in diese Denkweise ein!

▬ Was versteht man unter der archetypenbasierten Markenpositionierung? Feige (2007, S. 139 ff.) gibt hierzu einen guten Überblick.

▬ Unternehmens- und Dachmarkenstrategien scheinen an Bedeutung zuzunehmen. Was könnten hierfür die Gründe sein?

▬ Suchen Sie nach aktuellen Beispielen für Markenerweiterungen, für flankierende Marken und neue Marken. Beurteilen Sie, ob die Maßnahmen erfolgreich waren oder nicht.

❶ Lesen und Vertiefen

– Baetzgen, A. (2004) (Hrsg.). *Brand Planning. Starke Strategien für Marken und Kampagnen*. Stuttgart: Schäffer Poeschel.
   Das Buch gibt einen tiefen Einblick in die Welt der strategischen Planung von Marken, auch genannt als Brand Planning bzw. Account Planning. Vor dem Hintergrund von Identitäts- und Positionierungsfragen ist insbesondere ▶ Kapitel 3 (S. 65 ff.) relevant.

– Zednik, A., & Strebinger, A. (2005): *Marken-Modelle der Praxis: Darstellung, Analyse und kritische Würdigung*. Wiesbaden: DUV.
   Die Autoren geben einen fundierten Überblick über 48 Marken-Modelle der bekanntesten im deutschsprachigen Raum tätigen Berater, Marktforschungsinstitute und Agenturen.

- – Gietl, J., Schick, E., & Bode, Chr. (2011): Das Marken-System. *Harvard Business Manager*, 19 (5), 62–69.

  In diesem Beitrag wird sehr praxisorientiert aufgezeigt, wie der Chemiekonzern BASF Ordnung in sein Markenportfolio bringt.

Literatur

Aaker, D. A. (1982). Positioning Your Product. *Business Horizons*, *25*, 56–62.

Aaker, D. A. (1996). *Building Strong Brands*. New York: The Free Press.

Aaker, D. A., & Joachimsthaler, E. (2000). The Brand Relationship Spectrum: The Key to the Brand Architecture Challenge. *California Management Review*, *42*(4), 8–23.

Aaker, D. A., & Joachimsthaler, E. (2009). *Brand Leadership*. New York: The Free Press.

Baetzgen, A. (2011). Drachen, Donuts, Diamanten. Die Wissenschaft und Kunst guter Markenmodelle. In A. Baetzgen (Hrsg.), *Brand Planning. Starke Strategien für Marken und Kampagnen* (S. 101–117). Stuttgart: Schäffer Poeschel.

Baumgarth, C. (2014). *Markenpolitik: Markentheorien, Markenwirkungen, Markenführung, Markencontrolling, Markenkontexte* (4. Aufl.). Wiesbaden: Springer Gabler.

Bruhn, M. (2010). *Marketing. Grundlagen für Studium und Praxis* (10. Aufl.). Wiesbaden: Gabler.

Burmann, C., Halaszovich, T., & Hemmann, F. (2012). *Identitätsbasierte Markenführung. Wiesbaden*. Gabler: Springer.

De Pelsmacker, P., Geuens, M., & van den Bergh, J. (2013). *Marketing Communications. A European Perspective* (5. Aufl.). Harlow: Prentice Hall.

Esch, F. R. (2012). *Strategie und Technik der Markenführung* (7. Aufl.). München: Vahlen.

Feige, A. (2007). *Brand Future. Praktisches Markenwissen für die Marktführer von morgen*. Zürich: Orell Füssli.

Gietl, J. (2014). *Value Branding. Vom hochwertigen Produkt zur wertvollen Marke*. Freiburg: Haufe.

Hatch, M. J., & Schultz, M. (2001). Are the strategic stars aligned for your corporate brand? *Harvard Business Review*, *79*(2), 128–134.

Hofbauer, G., & Schmidt, J. (2007). *Identitätsorientiertes Markenmanagement. Grundlagen und Methoden für bessere Verkaufserfolge*. Berlin: Walhalla.

Kapferer, J.-N. (1992). *Die Marke – Kapital des Unternehmens*. Landsberg am Lech: Moderne Industrie.

Kapferer, J.-N. (2008). *The New Strategic Brand Management: Creating and Sustaining Brand Equity long term* (4. Aufl.). London: Kogan Page.

Keller, K. L. (1993). Conceptualizing, Measuring, and Managing Customer-Based Brand Equity. *Journal of Marketing*, *57*(1), 1–22.

Kilian, K. (2009). So bringen Sie Ihre Marke auf Kurs. *Absatzwirtschaft*, *52*(4), 42–43.

Koch, K.-D. (2006). *Reiz ist geil. In 7 Schritten zur attraktiven Marke*. Zürich: Orell Füssli.

Koch, K.-D. (2010). *Was Marken unwiderstehlich macht. 101 Wege zur Begehrlichkeit* (2. Aufl.). Zürich: Orell Füssli.

Nitschke, D. (2011). „Ich war Tarzan". Plädoyer für die Marke als lernendes System und eine kreative, interaktive und empathische Markenarbeit. In A. Baetzgen (Hrsg.), *Brand Planning. Starke Strategien für Marken und Kampagnen* (S. 65–78). Stuttgart: Schäffer Poeschel.

Nuneva, A. (2012). Corporate Reputation Management bei der Heidelberger Druckmaschinen AG. In C. Wüst, & R. T. Kreutzer (Hrsg.), *Corporate Reputation Management. Wirksame Strategien für den Unternehmenserfolg* (S. 299–327). Wiesbaden: Springer Gabler.

Perrey, J., & Meyer, T. (2011). *Mega-Macht Marke* (3. Aufl.). München: Redline.

Redler, J. (2012). *Grundzüge des Marketings*. Berlin: BWV.

Ries, A., & Trout, J. (1979). *Positioning: The Battle for Your Mind*. New York: McGraw-Hill.

Walter, S. (2006). *Die Rolle der Werbeagentur im Markenführungsprozess*. Zürich: Gabler (DUV).

Wind, Y. (1982). *Product Policy: Concepts, Models, and Strategy*. Reading: Addison-Wesley.

Ausgewählte Elemente der operativen Markenführung

Holger J. Schmidt

H. J. Schmidt, *Markenführung,* Studienwissen kompakt,
DOI 10.1007/978-3-658-07165-3_4, © Springer Fachmedien Wiesbaden 2015

4

Lern-Agenda

Eine erfolgreiche Marke findet sich in allen Unternehmensaktivitäten wieder. Der Anwendungsbereich der operativen Markenführung ist folglich unübersichtlich groß. Dieses vierte Kapitel beschränkt sich daher darauf, ausgewählte, besonders wichtige Elemente der Umsetzung vorzustellen und deren zentrale Aspekte zu diskutieren. Nach dem Lesen dieses Kapitels kennen und verstehen Sie Folgendes:

Sie wissen, was man unter Branding versteht und welche Elemente im Branding eine Rolle spielen. Das magische Branding-Dreieck ist Ihnen bekannt.	▶ Abschn. 4.1
Sie verstehen, warum die interne Markenführung wichtig ist, und kennen ihre Vorgehensweisen und Instrumente.	▶ Abschn. 4.2
Sie kennen den Begriff Markenkontaktpunkt und können eine Kontaktpunktanalyse zu einer Marke Ihrer Wahl durchführen.	▶ Abschn. 4.3
Sie kennen und verstehen ausgewählte Anforderungen an die Markenführung im Kontext digitaler Medien.	▶ Abschn. 4.4
Die Grundorientierungen der internationalen Markenführung sind Ihnen bekannt. Zudem ist Ihnen das Spannungsfeld zwischen Standardisierung und Differenzierung der Markenführung im internationalen Kontext bewusst.	▶ Abschn. 4.5

4.1 Branding

Jede Marke sollte einen eigenständigen Auftritt haben, der sich von anderen Markenauftritten unterscheidet. Die Gestaltung des Markenauftritts wird Branding genannt. Das Branding wird gemeinhin als wichtige Grundlage zum Markenaufbau verstanden (Esch und Langner 2005, S. 577).

> ┌─ **Merke!** ─────────────────────────────
>
> „**Branding** umfasst alle konkreten Maßnahmen zum Aufbau einer Marke, die dazu geeignet sind, ein Angebot aus der Masse gleichartiger Angebote herauszuheben und die eine eindeutige Zuordnung von Angeboten zu einer bestimmten Marke ermöglichen." (Esch 2012, S. 214)

Das Branding sollte die Identifikation mit der Marke fördern, die Differenzierung von Konkurrenzmarken ermöglichen sowie der Zielgruppe gefallen. Zudem sollte der Markenauftritt durch den Konsumenten leicht erkennbar, merkfähig sowie rechtlich schutzfähig sein (Esch 2012, S. 218; Langner 2003, S. 267 ff.).

Das Branding einer Marke lässt sich durch verschiedene Elemente beschreiben. Koch (2006, S. 155 f.), der hierfür den Begriff Markenstilistik verwendet, nennt u. a. die folgenden:

- Farbe: Welche Farbe dominiert die Marke?
- Bild: Gibt es ein Schlüsselbild, das in der Kommunikation eingesetzt wird?
- Symbol: Wird die Marke durch ein Symbol repräsentiert?
- Form: Wie sieht die Grundform der Marke aus?
- Rhythmus: Wie hoch sind Tempo und Wiederholungsrate der Marke?
- Duft: Wie duftet die Marke?
- Geschmack: Wie schmeckt die Marke?
- Haptik: Wie fühlt sich die Marke an?
- Ritual: Gibt es ein mit der Marke verknüpftes Ritual?
- Klang: Besitzt die Marke einen typischen Klang?
- Persönlichkeit: Gibt es eine Persönlichkeit, die für die Marke steht?

Beispiel:
Viele Marken sind für uns vor allem durch ihr Branding präsent. Magenta ist die Farbe der Telekom, beim Bild eines Cowboys am Lagerfeuer dachten wir jahrzehntelang an Marlboro, der Mercedes-Stern ist ein weltweit bekanntes Markensymbol, Schokolade von Ritter Sport ist quadratisch, Jack Daniels lässt es eher langsam angehen, der Geruch von der Hautcreme Nivea ist uns allen vertraut, Fisherman's Friend schmecken immer besonders intensiv, Glasflaschen der Marke Orangina fühlen sich rau wie eine Orangenscheibe an, den Gin der Marke Hendrick's genießt man mit einer Gurkenscheibe, das Röhren einer Harley ist legendär und George Clooney macht Lust auf Kaffee von Nespresso.

Eine Marke sollte an ihren Kontaktpunkten (▶ Abschn. 4.3) durch ihr Branding erkennbar sein. Im Zentrum steht dabei das „magische Branding-Dreieck", das die Elemente Markenname, Markenzeichen und Produkt- bzw. Verpackungsgestaltung beinhaltet (◘ Abb. 4.1). Ausführliche Hinweise zu deren Ausgestaltung finden sich bei Esch (2012, S. 222 ff.) oder Baumgarth (2014, S. 260 ff.).

Zwar ist es notwendig, dass sich das Branding einer Marke im Zeitverlauf weiterentwickelt und an längerfristigen Entwicklungen in Design und Mode orientiert. Dies sollte jedoch mit Bedacht und unter Beibehaltung einer hohen Selbstähnlichkeit erfolgen. Bei Veränderungen des Markenauftritts gilt die bekannte Regel: Evolution ist besser als Revolution.

4

4.2   Interne Markenführung

In der Vergangenheit wurde oft die besondere Bedeutung der Kommunikationspolitik zum Aufbau starker Marken betont. Dabei wurde in den Unternehmen viel Zeit und Geld in die markenkonforme Ausgestaltung des Branding investiert (▶ Abschn. 4.1). Allerdings kann eine Marke nur dann ihre volle Kraft entfalten, wenn sie auch durch Mitarbeiter und Führungskräfte im Unternehmen gelebt wird (Esch 2012, S. 125) und dies zudem für die Kunden erlebbar wird (Burmann und Wenske 2006, S. 11). Das sogenannte „Internal Branding", welches darauf abzielt, Mitarbeiter in den Prozess der Markenbildung einzubeziehen, sie über die eigene Marke zu informieren, sie für diese zu begeistern und letztlich ihr Verhalten im Sinne der Marke zu beeinflussen (Schmidt 2007; siehe auch Schmidt und Kilian 2012, S. 26), ist für alle Marken, insbesondere aber für Unternehmensmarken, spätestens in der Implementierungsphase einer Markenstrategie unverzichtbar.

> **Merke!**
>
> Das **Internal Branding** beschreibt alle Maßnahmen, die darauf abzielen, Mitarbeiter in den Prozess der Markenbildung einzubeziehen, sie über die eigene Marke zu informieren, sie für diese zu begeistern und letztlich ihr Verhalten im Sinne der Marke zu beeinflussen.

Mitarbeiter, die sich mit dem eigenen Arbeitgeber und der Marke identifizieren können und deshalb vielleicht auch bereit sind, mehr als einen „normalen Job" zu leisten, waren schon immer wichtig für den Unternehmenserfolg. Gleicht die Diskussion um das Internal Branding deshalb altem Wein in neuen Schläuchen? Nein, denn die Rolle der Mitarbeiter beim Markenaufbau gewinnt stetig an Bedeutung. Auf Unternehmensseite sorgen die steigende Austauschbarkeit der Produkte, der höhere Anteil von Serviceleistungen an den Umsätzen, die steigende Integration von Kunden (z. B. im Rahmen der Produktentwicklung) sowie veränderte, an globale Anforderungen orientierte Führungsstrukturen für die Notwendigkeit, Mitarbeiter stärker in den Markenbildungsprozess einzubeziehen. Aufseiten der Mitarbeiter besteht die Herausforderung, dass die Identifikation mit dem Arbeitgeber kontinuierlich sinkt. Zudem werden immer mehr Mitarbeiter zu „Kronzeugen des Markenversprechens", indem sie auf Plattformen im Internet ihren Arbeitgeber beurteilen und Interna aus den Unternehmen preisgeben. Auf Kundenseite ist festzustellen, dass Konsumenten immer erfahrener werden und auch deshalb stärker als früher auf die Stimmigkeit eines Markensystems achten.

Doch der wohl wichtigste Grund für die hohe Bedeutung des Internal Branding ist folgender: Vor dem Hintergrund einer zunehmenden Vernetzung unserer Welt (s. Megatrend Konnektivität, ▶ Abschn. 2.3) ist es für den Erfolg einer Marke wichtiger denn je, wie die Mitarbeiter als offizielle Repräsentanten der Marke mit Kunden und anderen Anspruchsgruppen interagieren. Negative Erlebnisse des Kunden tragen heute stärker als jemals zuvor dazu bei, die Markenwahrnehmung negativ zu beeinflussen. Störungen in der Beziehung zwischen Kunde und Marke bleiben heute keine Privatsache mehr, sondern werden in sozialen Netzwerken, Blogs, Bewertungsportalen und sonstigen Foren schnell und einfach einer breiten Öffentlichkeit publik gemacht. Positive Erfahrungen in der Mitarbeiter-Kunden-Interaktion können dagegen die Markenwahrnehmung nachhaltig stärken. Deshalb gilt es, das Mitarbeiterverhalten noch systematischer im Sinne der Marke zu steuern.

Um einen derartigen markenorientierten Veränderungsprozess einzuleiten, erfolgt der Aufbau des Internal Branding idealerweise nach dem SIIR-Modell mit seinen vier Phasen: Sensibilisieren, Involvieren, Integrieren und Realisieren (Esch 2012, S. 132). Wie ◘ Abb. 4.2 verdeutlicht, geht es dabei zunächst darum, die internen Zielgruppen für die Markenführung zu sensibilisieren. Ein Bewusstsein muss im Unternehmen dafür geschaffen werden, dass die Markenführung nicht Aufgabe einer Abteilung (z. B. Marketing) ist, sondern alle Mitarbeiter über ihr markenorientiertes Verhalten zum Aufbau einer starken Marke beitragen können und sollen. Im zweiten und dritten Schritt sind dann die Betroffenen zu Beteiligten zu machen, indem sie in die Erarbeitung und Planung der relevanten Schritte einbezogen werden. Schließlich gilt es in der Phase der Realisation, markenkonforme Projekte anzugehen und umzusetzen. Die interne Projektarbeit sollte dabei Vorrang vor einer Umsetzung nach außen haben.

Dennoch zeigt die Erfahrung in der Praxis, dass die Markenführung oftmals deshalb unter ihren Möglichkeiten bleibt, weil in der Umsetzungsphase inadäquate, rein auf die externe Kommunikation ausgerichtete Instrumente eingesetzt werden. Dabei

Sensibilisieren

- Markenidentität bekannt machen
- Bewusstsein für den Wert der Marke schaffen
- Hinsichtlich der Notwendigkeit eines Brand Behavior sensibilisieren

Involvieren

- Thema dem Top-Management vermitteln
- Manager der relevanten Abteilungen einbeziehen
- Handlungsnotwendigkeiten gemeinsam erarbeiten
- „Betroffene zu Beteiligten machen"

Integrieren

- Prozess gemeinsam mit Mitarbeitern auf allen Ebenen durchführen
- Markenworkshops installieren
- Markenideen-Pool einrichten
- Leuchtturm-Projekte starten
- „Best-Practice-Fälle" dokumentieren und kommunizieren

Realisieren

- Umsetzung der Vorschläge in den einzelnen Abteilungen
- Zielvorgaben bzw. Zielvereinbarungen erarbeiten
- Ergebnisse der Fortschrittskontrolle zum Finetuning der Maßnahmen nutzen
- Leitidee: Kommunikation nach innen vor einer Kommunikation nach außen starten

◘ **Abb. 4.2** SIIR-Modell eines markenorientierten Veränderungsprozesses (Quelle: Kreutzer 2013, S. 412, in Anlehnung an Esch et al. 2005, S. 995 f.)

gibt es eine Vielzahl von Instrumenten, die das Mitarbeiterverhalten mit der Markenidentität und ihrer Positionierung in Einklang zu bringen beabsichtigen (◘ Tab. 4.1). Burmann und Zeplin (2005, S. 123) sowie Schmidt (2008, S. 89) betonen vor allem die Bedeutung der internen Kommunikation, des Personalmanagements, der Führung und der strukturellen Rahmenbedingungen, um markenorientiertes Verhalten zu fördern. Zu den Instrumenten der markenorientierten internen Kommunikation zählen sie z. B. Events, die Mitarbeiter für die Marke begeistern sollen, Beiträge über die Marke in der Firmenzeitschrift oder auch Markenhandbücher, in denen die Markenidentität und die Positionierung erläutert werden. Markenorientierte Instrumente des Personalmanagements sind beispielsweise Trainings zu markenorientiertem Verhalten, markenorientierte Beförderungskriterien oder Einstellungsgespräche, in denen die Persönlichkeit der Bewerber mit den Werten der Marke abgeglichen wird. Instrumente einer markenorientierten Führung sind u. a. das Vorleben der Markenorientierung durch die Führungskräfte und der Einsatz von markenorientierten Symbolen in der Mitarbeiterführung. Beispiele für markenorientierte Strukturen sind eine Entgelt- und Anreizgestaltung sowie eine Organisationsstruktur, die markenorientiertes Verhalten fördern.

Wentzel et al. (2014, S. 228 f.) empfehlen ein schrittweises Vorgehen („Brand Behavior Funnel"), das mit dem Kennen der Markenwerte beginnt und über das Können zum Wollen führt und letztlich in einem markenkonformen Verhalten mündet. „Kennen" bedeutet dabei, dass die Mitarbeiter wissen, wofür die Marke steht, und sie beurteilen können, welches Verhalten „on brand" ist. „Können" bezieht sich auf

□ Tab. 4.1 Ausgewählte Instrumente des Internal Branding

Ansprachen der Firmenleitung zum Thema Marke	Events zur Markeneinführung	Markenorientierte Führungs-, Verhaltens- oder Sprachrichtlinien
Innengerichtete Anzeigen mit Markenbezug	Marken-Filme	Marken-Spiele
Auszeichnungen für Mitarbeiter (Marken-Awards)	Marke als Thema in Mitarbeiter-Gesprächen	Marken-Seminare
Markenorientierte Beurteilungssysteme	Give-aways mit Markenbezug	Storytelling zur Marke
Bildschirmschoner mit Markenelementen	Firmen- bzw. Marken-Hymnen	Marken-Symbole
Blogs/Foren zur Marke	T-Shirts oder Kleidung zur Marke	Marken-Theater
Ausbildung von Marken-Botschaftern	Mailings an die Mitarbeiter zur Marke	Trainings zu markenorientiertem Verhalten
Broschüren/Flyer mit Markenbezug	Marken-Museen, historische Sammlungen	Visualisierung der Marke
Marken-Bücher	Plakate mit Markenbezug	Vorleben der Markenwerte durch die Führungskräfte
Marken-Chats mit der Unternehmensleitung	Präsentationen zur Marke	Wettbewerbe zur Marke
Anfertigen von Marken-Collagen	Ratespiele zur Abfrage von Markenwissen	Marken-Wikis, Nachschlagewerke, Wissensplattformen
Einführungsveranstaltungen für neue Mitarbeiter	Markenorientierte Recruiting-Leitfäden	Marken-Workshops
Markenorientierte Entlohnungssysteme	Roadshows und Ausstellungen zur Marke	Berichterstattung zur Marke in der Mitarbeiter-Zeitschrift

die Notwendigkeit, dass Mitarbeiter die Fähigkeiten und Ressourcen haben, um sich markenorientiert zu verhalten. Schließlich bedeutet „Wollen", dass Mitarbeiter ihre Kenntnisse und ihr Können auch bereitwillig einsetzen, um die Marke zu stärken. Passend dazu können den Elementen des Phasenmodells die geeigneten Instrumente aus □ Tab. 4.1 zugeordnet werden.

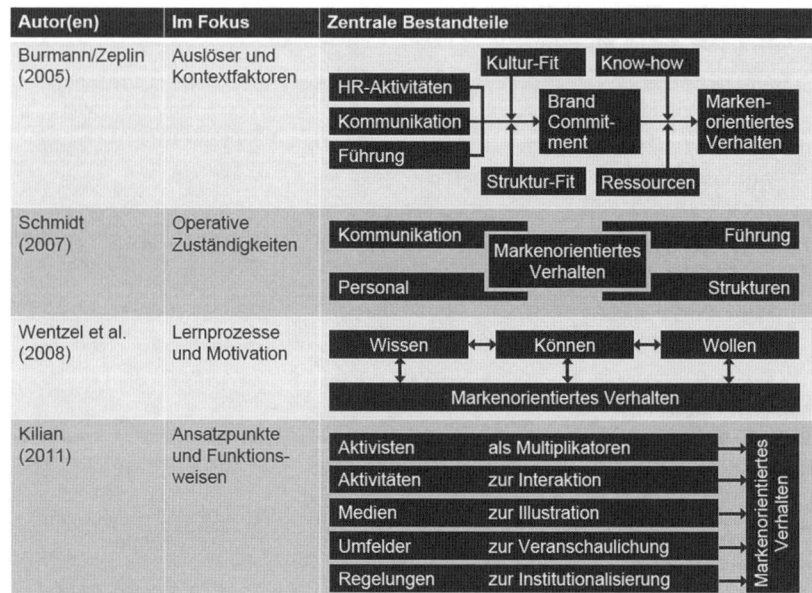

❏ **Abb. 4.3** Systematisierungsansätze zur internen Markenverankerung (Quelle: Schmidt und Kilian 2012, S. 25)

Demgegenüber benennt Kilian (2011) fünf Ansatzpunkte zur internen Markenverankerung: Während Aktivisten, z. B. der Unternehmenschef oder in Schlüsselgremien verankerte Markenadvokaten, als Multiplikatoren fungieren, gibt es eine Reihe von Aktivitäten, wie z. B. Markenworkshops, die die Interaktion mit den Markenwerten erhöhen. Der Einsatz verschiedener Medien wiederum dient insbesondere zur Illustration der Markenwerte. In ähnlicher Weise werden Umfelder, z. B. Ausstellungsräume oder Markenmuseen, zur Veranschaulichung der Markenwerte genutzt. Schließlich bieten sich Regelungen zur Institutionalisierung des gewünschten markenkonformen Verhaltens an. ❏ Abbildung 4.3 gibt einen Überblick über die wichtigsten Systematisierungsansätze.

Allen Ansätzen des Internal Branding ist gemeinsam, dass sie darauf abzielen, markenadäquates Verhalten der Mitarbeiter zu fördern. Esch et al. (2008, S. 163) zufolge umfasst markenorientiertes bzw. markenkonformes Verhalten „alle verbalen und non-verbalen Verhaltensweisen eines Mitarbeiters [...], die im Einklang mit der Markenidentität stehen und dazu beitragen, den Markenwert und die Markenbindung direkt oder indirekt zu verstärken." Markenorientiertes Verhalten ist folglich das Ausrichten des eigenen Verhaltens an der Identität der Marke.

Beispiel: Markenorientiertes Verhalten bei BMW

Oftmals ist es nicht einfach, Identität und Positionierung einer Marke in eindeutige Verhaltensregeln zu überführen. Wie kann beispielsweise ein Mitarbeiter am Schalter der Deutschen Bank, die den Slogan „Leistung aus Leidenschaft" verwendet, dem Kunden vermitteln, dass er dessen Anliegen mit Leidenschaft bearbeitet? BMW hingegen liefert ein gutes Beispiel für markenorientierte Verhaltensregeln. Der Kern der Marke BMW kann mit dem Begriff „Freude" umschrieben werden. Auf das Mitarbeiterverhalten übertragen liegt im Fall von BMW markenorientiertes Verhalten vor, wenn die Handlungen der Mitarbeiter dazu beitragen, die eigene Markenidentität und Positionierung den Zielgruppen der Marke näherzubringen. Wenn also eine Mitarbeiterin in der BMW-Kundenbetreuung den Anrufer mit den Worten „Ich wünsche Ihnen heute noch viel Freude am Fahren" verabschiedet, kann von markenkonformem Verhalten gesprochen werden.

4.3 Management der Markenkontaktpunkte

Da in vielen Unternehmen Bereiche wie der telefonische Kundenservice oder die persönliche Betreuung in Niederlassungen für die Markenwahrnehmung eine zentrale Rolle einnehmen, sollte die Markenführung demzufolge das gesamte Unternehmen mit all seinen Verästelungen umfassen. Dabei erfolgt die Markenbildung im Abgleich von (kommuniziertem) Markenversprechen und (tatsächlichem) Markenerlebnis an den Kontaktstellen des Unternehmens mit seinen Zielgruppen. Die Kunden nehmen unter den potenziellen Zielgruppen natürlich eine herausragende Stellung ein. Sie erleben die Marke nicht nur durch die Nutzung ihrer Produkte und Dienstleistungen oder durch ihre Marketing-Kommunikation, sondern zudem in den sogenannten „Momenten der Wahrheit" durch den persönlichen Kontakt zu einem Mitarbeiter, durch eine Rechnung für eine erhaltene Leistung, durch ein Firmenfahrzeug mit entsprechender Kennzeichnung oder durch den Besuch in den Verkaufsräumen. Die potenziellen Berührungspunkte zwischen der Marke und ihren Kunden werden Markenkontaktpunkte oder auch Brand Touch Points genannt. An diesen neuralgischen Punkten zeigt sich, ob die Marke ihr Leistungsversprechen erfüllen kann (Perrey und Meyer 2011, S. 318 ff.; Kilian 2012, S. 101). Dabei ist zu beachten, dass „nur über eine konsistente und kontinuierliche Vermittlung der einzelnen Komponenten einer Marke an allen Brand Touch Points […] eine stabile und langfristig tragfähige Marken-Kunden-Beziehung aufgebaut werden" kann (Burmann und Wenske 2006, S. 11).

Merke!

Die potenziellen Berührungspunkte zwischen einer Marke und ihren Kunden werden Markenkontaktpunkte oder auch **Brand Touch Points** genannt.

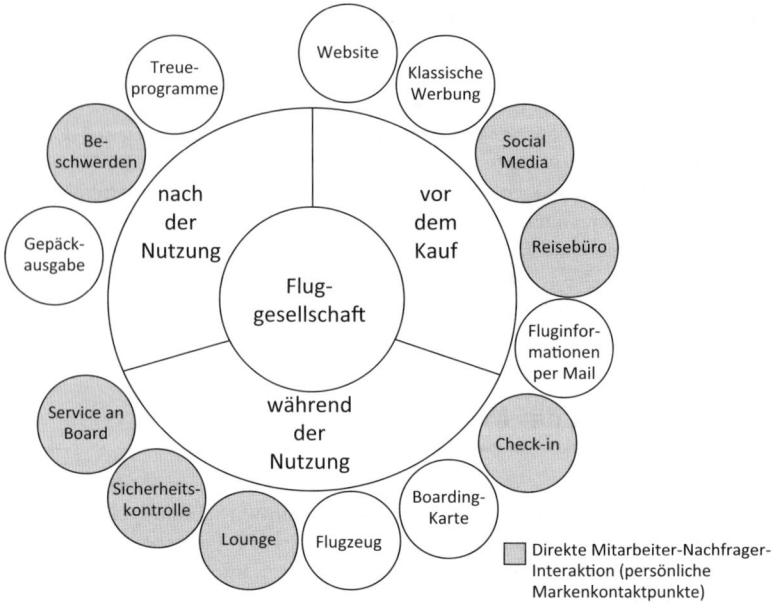

■ **Abb. 4.4** Persönliche Markenkontaktpunkte einer Fluggesellschaft (Quelle: Baumgarth 2014, S. 295)

Grundsätzlich kann jeder, der an einem Markenkontaktpunkt mit der Marke in Berührung kommt, ein entscheidender Multiplikator im Markenbildungsprozess sein. Und so wie ein einziger Musiker den gesamten Klang eines Orchesters ruinieren kann, kann ein schlecht gemanagter Markenkontaktpunkt die gesamte Marke in ein schlechtes Licht rücken. Da die meisten Marken über zahlreiche Brand Touch Points verfügen, ist es von großer Bedeutung, Kontaktpunkte zwischen Unternehmen und Zielgruppen markenkonform auszurichten (Schmidt 2006, S. 10). Zudem hilft ein systematisches und markenorientiertes Kontaktpunktmanagement, die Markenstrategie ganzheitlich in das Bewusstsein der Mitarbeiter zu rufen und schnelle und zugleich langfristig wirksame Erfolge zu erzielen.

Beispiel: Markenkontaktpunkte der Marke Hilti
Die Marke Hilti, ein führender Hersteller professioneller Werkzeuge, offenbart sich ihren Kunden täglich an mehr als 200.000 Markenkontaktpunkten (Gietl 2014, S. 108). Die resultierende Herausforderung ist offensichtlich: Hilti muss überall – egal, wo man ist auf der Welt – die Werte der Marke, ihre Positionierung und ihr Branding vermitteln. Nur so lässt sich auf globaler Ebene ein konsistentes Markenbild aufbauen.

Für eine Analyse und markenkonforme Ausrichtung der Markenkontaktpunkte ist zunächst eine Analyse der Customer Journey, also der Reise des Kunden durch die Unternehmenswelt, durchzuführen (Schüller 2012, S. 19). Dabei werden zunächst sämtliche Markenkontaktpunkte ermittelt. ◘ Abbildung 4.4 zeigt am Beispiel einer Fluggesellschaft eine Auswahl möglicher Markenkontaktpunkte. In einem zweiten Schritt sind die ermittelten Markenkontaktpunkte zu priorisieren. Als Kriterien für eine solche Priorisierung sollten die Wichtigkeit des Kontaktes aus Kunden- und Zielgruppensicht, die Kontakthäufigkeit und die Kontaktintensität herangezogen werden.

Die priorisierten Markenkontaktpunkte sind dann in einem dritten Schritt im Sinne eines Audits mit Blick auf die Markenidentität abzugleichen. Kann der Kunde oder Interessent die definierte Markenidentität (▶ Abschn. 3.1) und die angestrebte Positionierung (▶ Abschn. 3.2) an den Kontaktstellen spüren? Tritt die Marke gegenüber ihren Zielgruppen am analysierten Kontaktpunkt glaubwürdig, attraktiv und differenzierend auf? Die Beantwortung dieser Fragen fällt dann leicht, wenn die Definition der Markenidentität auf wenigen, prägnanten Eigenschaften basiert und konkrete, leicht nachvollziehbare Regeln entwickelt wurden, mit denen sich die Markenkonformität einer Maßnahme einschätzen lässt. Ein Markenkontaktpunkt, der „on brand" ist, sollte demnach die Mehrzahl der Markenregeln erfüllen. ◘ Abbildung 4.5 zeigt am Beispiel der Markenregeln einer Produktmarke der TeamBank AG (Bruch 2012, S. 334), wie eine Bewertung einzelner Kontaktpunkte anhand der Regeln ausfallen könnte. Für diejenigen Markenkontaktpunkte, die nicht „on brand" sind, sind in einem vierten Schritt Optimierungsideen zu entwickeln, die in einen Umsetzungsplan münden sollten. Schließlich ist die Umsetzung zu steuern und zu kontrollieren.

Beispiel: Markenkontaktpunktmanagement bei einem Versicherungsunternehmen

Beispielhaft sei hier auf ein Versicherungsunternehmen verwiesen, welches vor einigen Jahren ein systematisches Markenkontaktpunktmanagement mithilfe der eigenen Mitarbeiter implementierte. Zunächst wurden im Mitarbeiterkreis sogenannte Markenbotschafter rekrutiert und zur Marke geschult. Die Markenbotschafter präsentierten dann in ihren lokalen Einheiten und Abteilungen den Mitarbeitern die Markenidentität und Positionierung. In diesen Workshops wurden alle Mitarbeiter dazu angehalten, Identität und Positionierung der Marke mit dem Ist-Bild der Markenkontaktpunkte vor Ort abzugleichen und bei eventuellen Abweichungen Vorschläge zur Veränderung zu unterbreiten. Diese Vorschläge wurden wiederum von den Markenbotschaftern aufgenommen und zu zentralen Projekten verdichtet. Die Projekte wurden im Sinne eines ganzheitlichen Programmmanagements in die allgemeine Maßnahmenplanung des Unternehmens aufgenommen. Budgetierung, Timing und konkrete Ablaufplanung folgten. Bei einem großen Markenevent, an dem wiederum alle Mitarbeiter teilnehmen konnten, wurden die vereinbarten Projekte sowie erste Ergebnisse präsentiert. Zudem wurde das Event dazu genutzt, die Mitarbeiter über Visualisierungen, besondere Show-Darbietungen und Kreativ-Workshops für die Marke zu begeistern.

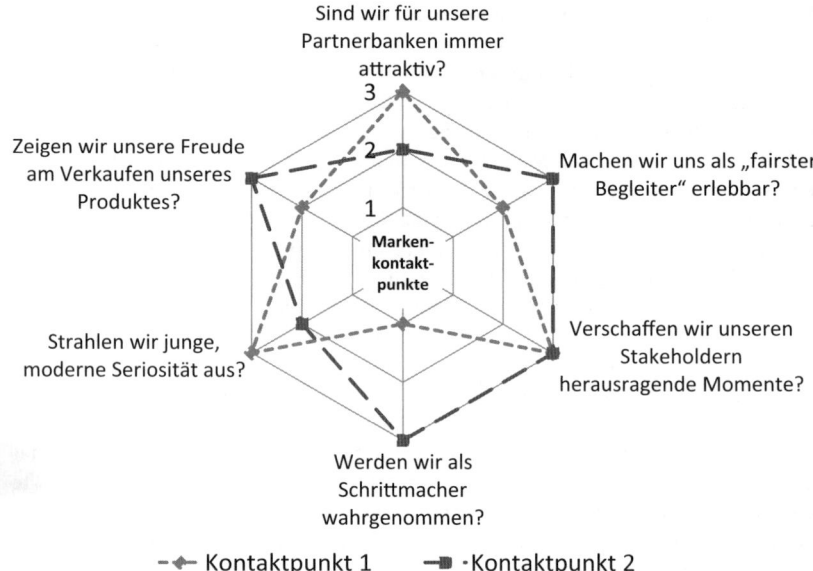

Sind wir für unsere
Partnerbanken immer
attraktiv?

Zeigen wir unsere Freude
am Verkaufen unseres
Produktes?

Machen wir uns als „fairster
Begleiter" erlebbar?

Marken-
kontakt-
punkte

Strahlen wir junge,
moderne Seriosität aus?

Verschaffen wir unseren
Stakeholdern
herausragende Momente?

Werden wir als
Schrittmacher
wahrgenommen?

– ◆ Kontaktpunkt 1   – ■ · Kontaktpunkt 2

Skala: 1 = nein / 2 = manchmal / 3 = ja

▣ **Abb. 4.5** Die Bewertung von Kontaktpunkten mithilfe von Markenregeln (in Anlehnung an Bruch 2012, S. 334)

4.4   Digitale Markenführung

Die digitale Welt ist nicht nur für die vielzitierte „Generation Y", sondern auch für die meisten anderen Marktteilnehmer schon heute Alltag. Deshalb erscheint eine konzeptionelle Trennung von analog und digital auch in der Markenführung nicht mehr zweckmäßig. Die allgemeinen Regeln für einen erfolgreichen Markenaufbau sind in der digitalen Welt keine grundsätzlich anderen als in der analogen Welt. Auch Online-Marken sollten ein klares Bild von ihrer Identität haben und über eine tragfähige Positionierungsstrategie verfügen, die sie in der digitalen Welt vermitteln. Ebenso müssen traditionelle Marken im Rahmen ihrer Online-Aktivitäten – wie bei Auftritten in klassischen Medien – ihre Werte vermitteln und konsistent zur Positionierung agieren. Sehr wohl können jedoch in der Umsetzung einer Markenstrategie spezifische Handlungsempfehlungen ausgesprochen werden, die zur erfolgreichen Führung einer Marke in der Online-Welt beitragen (Hack 2013, S. 213).

> **Auf den Punkt gebracht: Auch wenn die allgemeinen Regeln für einen erfolgreichen Markenaufbau in der digitalen Welt keine anderen sind als in der analogen, können hinsichtlich der Umsetzung einer Markenstrategie in den digitalen Medien spezifische Handlungsempfehlungen ausgesprochen werden.**

Die Kommunikationsabteilungen in den Unternehmen sind immer seltener Herr über die Flut von Informationen, die über eine Marke zu den Kunden fließt. Konnte die markenbezogene Kommunikation früher noch strategisch geplant und in der Umsetzung zielgerichtet gesteuert werden, sind heute – gewollt oder ungewollt – sowohl die Mitarbeiter eines Unternehmens als auch die Kunden einer Marke an der Markenkommunikation beteiligt. In der Online-Welt ist es deshalb zunächst einmal wichtig, Kunden in das Markensystem einzubinden und Interaktionsangebote zu schaffen. Durch die Digitalisierung besteht hier die Möglichkeit, die Beziehung zwischen Marke und Kunde direkter und kostengünstiger zu intensivieren, was zu einer gesteigerten Markenloyalität und höheren Empfehlungsbereitschaft führen kann. Ein hierfür notwendiger Dialog zwischen Marke und Kunde kann z. B. über Foren, Communities oder Social-Media-Kanäle erfolgen. Anlässe hierfür gibt es reichlich: Es können Fragen an den Kundenservice online beantwortet, Kunden zur Bewertung der Produkte des Online-Shops aufgefordert, spezielle Tipps rund um das Produkt zur Verfügung gestellt und interaktive Elemente (z. B. Umfragen, Spiele etc.) in die alltägliche Kommunikation via Facebook, YouTube etc. eingebaut werden. Die Partizipation des Kunden ist sogar im Rahmen der Produktentwicklung denkbar.

Auch die Mitarbeiter eines Unternehmens sind heute – bewusst oder unbewusst – wichtige Markenkommunikatoren. Sie erzählen, wie es im Unternehmen wirklich zugeht – und beeinflussen so die externe Sicht auf die Marke. Unternehmen können hierauf nun auf zwei Arten reagieren: Entweder sie unterdrücken über entsprechende Social-Media-Regeln die ungeplante Kommunikation. Oder sie nutzen die Mitarbeiter, deren Kommentare auf Facebook, Xing oder LinkedIn von anderen Teilnehmern des Netzwerkes oftmals als wesentlich glaubwürdiger als die offizielle Unternehmenskommunikation eingeschätzt werden, zielgerichtet zum Markenaufbau. Im letzteren Fall geht es darum, die Mitarbeiter für ihre Rolle als Markenbotschafter in den Social-Media-Kanälen zu sensibilisieren, sie entsprechend zu schulen und klare Regeln aufzustellen, was erlaubt und was nicht erlaubt ist.

Schließlich ist es für die Markenführung wichtig, Synergien zwischen der analogen und der digitalen Welt zu erkennen und diese zu erschließen. Während beispielsweise die klassische Print-Kommunikation der Lufthansa für den emotionalen Markenauftritt sorgt, bekommt ein Kunde auf dem Online-Portal der Airline zielgerichtete Informationen geboten. So ermittelt er hier beispielsweise die günstigsten Flüge oder nutzt bequem und ohne am Warteschalter in der Schlange zu stehen die vorhandenen Check-in-Möglichkeiten. In der Vielfliegerlounge wiederum kann er zwischen zwei Flügen ungestört entspannen. Die Kanäle sollten sich also gegenseitig ergänzen. Hierfür ist es allerdings unabdingbar, für jeden Kanal klare Zielsetzungen zu definieren. Insofern ist Hack (2013, S. 227) beizupflichten, wenn er diesbezüglich zusammenfasst: „Der entscheidende Faktor bei der Erweiterung des Markensystems ist die stimmige, widerspruchsfreie und damit glaubwürdige Orchestrierung der einzelnen Gestaltungselemente."

4.5 Integrierte Markenführung in globalen Märkten

Vor dem Hintergrund der Globalisierung gewinnt die Frage an Bedeutung, wie die Markenführung über Länder- und Kulturgrenzen hinweg auszugestalten ist. Dabei liegt die Bandbreite der Möglichkeiten zwischen einer vollständig globalen Markenführung, die auf einer weltweit einheitlichen Identität und Positionierung beruht, und einer auf die lokalen Märkte angepassten Markenstrategie, die ihre Positionierung im Hinblick auf die Kundenbedürfnisse und Wettbewerbsbedingungen einzelner Länder bzw. Regionen differenziert.

Beispiel: Streit im Marketing-Olymp

Die beiden Wirtschaftswissenschaftler Theodore Levitt und Philipp Kotler scheinen in ihrer Interpretation der Globalisierung unterschiedlicher Meinung zu sein. Während Levitt (1983, S. 93) in seinem berühmten Artikel „The Globalization of Markets" die These aufstellt, dass international operierende Unternehmen sich zu globalen Strategien bekennen müssen, argumentieren Kotler und Bliemel (2005, S. 31): „All business is local."

Grundsätzlich kann die Markenführung im internationalen Kontext zwischen vier Grundorientierungen wählen:

- Bei der **ethnozentrischen Markenführung** wird die im Stammland erarbeitete Markenpositionierung ohne jegliche Adaption auf neue Märkte übertragen. Das US-Handelsunternehmen Wal-Mart versuchte diesen Weg in Deutschland zu gehen, scheiterte aber. BMW ist mit seiner Positionierung, die das Thema Fahrfreude in den Mittelpunkt stellt, auch in anderen Ländern sehr erfolgreich.
- Bei der **polyzentrischen Markenführung** werden internationale Märkte differenziert bearbeitet. Die Markenpositionierung wird dabei an die lokalen Bedingungen angepasst. Skoda beispielsweise positioniert sich im deutschen Markt als „die clevere Alternative", im indischen Markt hingegen als „stylisches" und werthaltiges Fahrzeug.
- Die **regiozentrische Markenführung** ist ein Sonderfall der polyzentrischen Ausrichtung. Hier werden Länder zu homogenen Regionen gruppiert, für die dann eine eigenständige Markenpositionierung erarbeitet wird.
- Bei der **geozentrischen Markenführung** wird eine globale Marke vorausgesetzt, die keine kulturelle Bindung zu einem Land hat. Die Markenpositionierung wird

◘ Tab. 4.2 Wichtige Vor- und Nachteile der Standardisierung und Differenzierung in der internationalen Markenführung

	Standardisierung	Differenzierung
Vorteile	Kostenvorteile durch Synergien und die Nutzung gemeinsamer Ressourcen Geringere Komplexität durch einfachere Regeln Schnellere Umsetzung globaler Maßnahmen Verbesserte Koordination der Kommunikationsaktivitäten	Die Positionierung kann sehr flexibel und zielorientiert auf länderspezifische Besonderheiten zugeschnitten werden Mitarbeiter in lokalen Einheiten (Länderorganisationen) sind ggf. motivierter, da sie selbst größere Freiheiten genießen
Nachteile	Mangelnde Berücksichtigung länderspezifischer Besonderheiten (z. B. kulturelle Unterschiede, Konsumgewohnheiten) Aussagenbanalisierung (Gefahr des „kleinsten gemeinsamen Nenners") Gefahr der Demotivation von Mitarbeitern Einschränkung der Flexibilität mit der Folge geringerer Kreativität	Höhere Gesamtkosten der Markenführung, z. B. durch die Zusammenarbeit mit mehreren Agenturen Gefahr der Verwirrung des Konsumenten (z. B. Vielreisende) Markenführung ist insgesamt komplexer Langsamere Umsetzung globaler Maßnahmen

auf globaler Ebene erarbeitet. Dieser Weg wird häufig von Technologiemarken (z. B. Apple, Samsung), Modeunternehmen (z. B. Dolce & Gabbana, Gucci) oder Luxusmarken (z. B. Rolex, IWC) gewählt.

Bei der Wahl der Grundorientierung geht es im Kern um die Frage, inwieweit die Instrumente der Markenführung standardisiert und länderübergreifend angewendet werden können oder ob sie differenziert und landesspezifisch angepasst werden müssen. Der Druckmaschinenhersteller Heidelberg beispielsweise setzt auf eine konsequente Integration seiner gesamten Kommunikationsmaßnahmen. Dies bedeutet eine weitgehend einheitliche formale Gestaltung, inhaltlich konsistente Botschaften, die Abstimmung der Maßnahmen über 170 Länder hinweg, in denen Heidelberg präsent ist, sowie die zeitliche Planung, Durchführung und Bewertung der Maßnahmen (Nuneva 2012, S. 316). Mc Donald's hingegen besinnt sich zunehmend auf differenzierte nationale Werbung, auch wenn die Landesgesellschaften sich an bestimmte formale Regeln halten müssen.

Die wichtigsten Vor- und Nachteile der Standardisierung und Differenzierung finden sich in ◘ Tab. 4.2. Bisherige Erfahrungen weisen darauf hin, dass dies nicht nur von der Kultur des Unternehmens, von der Situation der Märkte und von den speziellen Anforderungen der Kunden abhängt, sondern auch von Branche zu Branche unterschiedlich zu beurteilen ist. So ist in den Bereichen Consumer Electronics, Haushaltsgeräte, Mode und IT eher eine geozentrische Markenführung erfolgversprechend, während z. B. bei Baumärkten, in der Bierbranche, bei Lebensmitteln, bei Kosmetikartikeln oder im Verlagswesen die polyzentrische Markenführung überlegen scheint.

4.6 **Lern-Kontrolle**

Kurz und bündig

Sämtliche Aktivitäten markenorientierter Unternehmen sind stimmig zur Markenstrategie. Deshalb sind die Anforderungen an die operative Markenführung vielfältig: Die Markenstrategie wird durch alle Instrumente gespiegelt und findet sich in allen Verhaltensweisen der am Markensystem Beteiligten. Zu diesen Instrumenten zählt insbesondere das Branding, das den Stil der Marke definiert sowie den Markennamen, das Markenzeichen und das Aussehen der Produkte inklusive ihrer Verpackung festlegt. Des Weiteren ist in der operativen Markenführung die Grundlage dafür zu legen, dass Mitarbeiter markenorientiert handeln und die Marke in den Kontaktsituationen mit der Außenwelt positiv und wertekonform repräsentieren. Darüber hinaus ist durch ein systematisches Markenkontaktpunkt-Management sicherzustellen, dass der Markenauftritt in seiner Gesamtheit an allen Berührungspunkten zwischen Marke und Kunde positionierungskonform ist. Auch in der digitalen Welt ist die stimmige, widerspruchsfreie und damit glaubwürdige Orchestrierung der einzelnen Gestaltungselemente ein entscheidender Faktor. Hierzu zählen vor allem die gezielte Einbindung von Kunden und Mitarbeitern in die Markenkommunikation und die synergetische Ausrichtung der Online- mit den Offline-Kanälen. Schließlich wurde deutlich, dass die Markenführung im Zuge der Globalisierung vor der Herausforderung steht, im Spannungsfeld zwischen Standardisierung und Differenzierung den für die eigene Marke richtigen Weg zu wählen.

? **Let's check**

1. Was sind die Bestandteile des magischen Branding-Dreiecks?
2. Welche Elemente prägen den Stil einer Marke?
3. Welche Entwicklungen tragen zu einer steigenden Bedeutung des Internal Branding bei?
4. Welche Instrumente des Internal Branding kennen Sie, und wie lassen sich diese systematisieren?
5. Was sind die zentralen Fragen des Markenkontaktpunktmanagements?
6. Welche besonderen Anforderungen bestehen an die Markenführung in der digitalen Welt?
7. Welche Grundorientierungen der internationalen Markenführung kennen Sie?

8. In welchen Branchen versprechen standardisierte Ansätze der Markenführung mehr Erfolg, in welchen differenzierende?

❓ Vernetzende Aufgaben

- Welche Anforderungen bestehen an die Entwicklung von Markennamen und Markenzeichen? Arbeiten Sie sich hierzu in die in ▶ Abschn. 4.1 genannte Literatur ein.

- Wie würden Sie als Markenverantwortlicher vorgehen, um in einem Unternehmen markenorientiertes Verhalten zu fördern? Entwerfen Sie einen Projektplan, der konkrete Instrumente beinhaltet.

- Haben Sie es schon einmal erlebt, dass Sie an einem speziellen Punkt ein negatives Erlebnis mit einer Marke hatten und dieses Erlebnis Ihre Einstellung zur Marke entscheidend geprägt hat? Denken Sie über die Situation nach. Was hätte das Unternehmen vor, während und nach Ihrem Markenkontakt anders machen können?

- Glauben Sie, dass es zukünftig noch erfolgreiche Marken geben kann, die sich der digitalen Welt vollständig entziehen?

- „Think global, act local" ist ein vielzitierter Leitspruch im Marketing. Was kann er für die Markenführung bedeuten?

ℹ Lesen und Vertiefen

- Scheier, Chr., & Held, D. (2012). *Was Marken erfolgreich macht: Neuropsychologie in der Markenführung*. 3. Aufl., Freiburg: Haufe.
  Die Experten für Neuropsychologie zeigen ab S. 247, wie Marken aus ihrer speziellen Sichtweise nachhaltig implementiert werden können.

- Brandmeyer, K., Pirck, P., Pogoda, A., & Althanns, L. (2011). *Markenkraft zum Nulltarif*. Wiesbaden: Gabler.
  Die Autoren verdeutlichen, dass es nicht immer künstlich geschaffene Branding-Welten braucht, die viel Geld kosten. Stattdessen kann Markenkraft über die Nutzung von Resonanzfeldern auch zum Nulltarif aufgebaut werden.

- T. Tomczak, F.-R. Esch, J. Kernstock, & A. Herrmann (Hrsg.). (2012). *Behavioral Branding*. 3. Aufl., Wiesbaden: Gabler.
  Das Herausgeberwerk gibt einen umfassenden Überblick über Theorien, Modelle und Instrumente des Behavioral Branding aus dem Blickwinkel der St. Gallener Schule.

- H. J. Schmidt (Hrsg.). (2008). *Internal Branding. Wie Sie Ihre Mitarbeiter zu Markenbotschaftern machen*. Wiesbaden: Gabler
  Das praxisorientierte Werk war eines der ersten Bücher zur internen Markenführung im deutschsprachigen Raum.

- Burmann, Chr., & Piehler, R. (2013). Employer Branding vs. Internal Branding – Ein Vorschlag zur Integration im Rahmen der identitätsbasierten Markenführung.

Die Unternehmung, 67 (3), 223–245. ► http://www.unternehmung.nomos.de/ fileadmin/unternehmung/doc/Aufsatz_DU_13_03.pdf. Zugegriffen: 18. Januar 2015.

Die Autoren bieten einen wertvollen Beitrag zur Begriffsabgrenzung der oft vermischten Konzepte Employer Branding und Internal Branding.

– Dänzler, St., & Heun, Th. (2014). *Marke und digitale Medien: Der Wandel des Markenkonzepts im 21. Jahrhundert.* Wiesbaden: Springer Gabler.

Der fundamentale Medienwandel zwingt Marken, sich den digitalen Veränderungen anzupassen. Wer hierüber mehr erfahren will, liegt mit diesem aktuellen Werk richtig.

Literatur

Baumgarth, C. (2014). *Markenpolitik: Markentheorien, Markenwirkungen, Markenführung, Markencontrolling, Markenkontexte* (4. Aufl.). Wiesbaden: Springer Gabler.

Brandmeyer, K., Pirck, P., Pogoda, A., & Althanns, L. (2011). *Markenkraft zum Nulltarif.* Wiesbaden: Gabler.

Bruch, J. (2012). Aktives Corporate Reputation Management durch konsequentes Markenkontaktpunkt-Management – das Beispiel TeamBank. In C. Wüst, & R. T. Kreutzer (Hrsg.), *Corporate Reputation Management. Wirksame Strategien für den Unternehmenserfolg* (S. 329–340). Wiesbaden: Springer Gabler.

Burmann, C., & Wenske, V. (2006). Multi-Channel-Management bei Premiummarken. *thexis, 23*(4), 11–15.

Burmann, C., & Zeplin, S. (2005). Innengerichtetes identitätsbasiertes Markenmanagement. In H. Meffert, C. Burmann, & M. Koers (Hrsg.), *Markenmanagement* (2. Aufl. S. 115–139). Wiesbaden: Gabler.

Esch, F.-R. (2012). *Strategie und Technik der Markenführung* (7. Aufl.). München: Vahlen.

Esch, F.-R., & Langner, T. (2005). Branding als Grundlage zum Markenaufbau. In F.-R. Esch (Hrsg.), *Moderne Markenführung* (4. Aufl. S. 573–586). Wiesbaden: Gabler.

Esch, F.-R., Rutenberg, J., Strödter, K., & Vallaster, C. (2005). Verankerung der Markenidentität durch Behavioral Branding. In F.-R. Esch (Hrsg.), *Moderne Markenführung* (4. Aufl. S. 985–1008). Wiesbaden: Gabler.

Esch, F.-R., Fischer, A., & Hartmann, K. (2008). Abstrakte Markenwerte in konkretes Verhalten übersetzen. In T. Tomczak, F.-R. Esch, J. Kernstock, & A. Herrmann (Hrsg.), *Behavioral Branding* (S. 161–180). Wiesbaden: Gabler.

Gietl, J. (2014). *Value Branding. Vom hochwertigen Produkt zur wertvollen Marke.* Freiburg: Haufe.

Hack, C. (2013). Die digitale Markenführung im Spagat zwischen ‚online' und ‚offline' erfolgreich gestalten. In K.-D. Koch (Hrsg.), *No. 1 Brands. Die Erfolgsgeheimnisse starker Marken* (S. 213-230). Zürich: Orell Füssli.

Kilian, K. (2011). *Mitarbeiter als Markenbotschafter.* Vortrag auf dem Kölner Marketingtag am 19. Mai.

Kilian, K. (2012). Vom Point of Sale zum Point of Experience. *Markenartikel, 1–2*, 100–102.

Koch, K.-D. (2006). *Reiz ist geil. In 7 Schritten zur attraktiven Marke.* Zürich: Orell Füssli.

Literatur

Kotler, P., & Bliemel, F. (2005). *Marketing-Management: Analyse, Planung und Verwirklichung*. München: Pearson.

Kreutzer, R. T. (2013). *Praxisorientiertes Marketing. Grundlagen – Instrumente – Fallbeispiele* (4. Aufl.). Wiesbaden: Springer Gabler.

Langner, T. (2003). *Integriertes Branding. Baupläne zur Gestaltung erfolgreicher Marken*. Wiesbaden: DUV.

Levitt, T. (1983). The Globalization of Markets. *Harvard Business Review, 61*(3), 92–102.

Nuneva, A. (2012). Corporate Reputation Management bei der Heidelberger Druckmaschinen AG. In C. Wüst, & R. T. Kreutzer (Hrsg.), *Corporate Reputation Management. Wirksame Strategien für den Unternehmenserfolg* (S. 299–327). Wiesbaden: Springer Gabler.

Perrey, J., & Meyer, T. (2011). *Mega-Macht Marke* (3. Aufl.). München: Redline.

Schmidt, H. J. (2006). Marken mit Struktur statt Bauchgefühl führen. *io new management, 75*(7–8), 10–14.

Schmidt, H. J. (2008). Grundlagen der innengerichteten Markenführung. In H. J. Schmidt (Hrsg.), *Internal Branding. Wie Sie Ihre Mitarbeiter zu Markenbotschaftern machen* (S. 13–110). Wiesbaden: Gabler.

Schmidt, H. J., & Kilian, K. (2012). Internal Branding, Employer Branding & Co.: Der Mitarbeiter im Markenfokus. *transfer Werbeforschung & Praxis, 1*, 24–29.

Schüller, A. M. (2012). Marketer, begrabt die vier P! *Horizont, 31*, 19.

Wentzel, D., Tomczak, T., Kernstock, J., Brexendorf, T. O., & Henkel, S. (2014): Den Funnel als Analyse- und Steuerungsinstrument von Brand Behavior heranziehen. In F.-R. Esch, T. Tomczak, J. Kernstock, T. Langner, & J. Redler (Hrsg.), *Corporate Brand Management* (S. 227-241). Wiesbaden: Springer Gabler.

Markencontrolling

Holger J. Schmidt

H. J. Schmidt, *Markenführung*, Studienwissen kompakt,
DOI 10.1007/978-3-658-07165-3_5, © Springer Fachmedien Wiesbaden 2015

Lern-Agenda

Wie bewertet man, ob einzelne Maßnahmen der Markenführung erfolgreich sind oder nicht? Woher kommen Hinweise zur Optimierung der Markenführung? Und wie kann man den Wert einer Marke messen? In diesem Kapitel werden Sie mit den wichtigsten Begriffen und Theorien des Markencontrolling vertraut gemacht. Nach dem Lesen dieses Kapitels …

wissen Sie, was man unter Markencontrolling versteht und wie man den Begriff von der Markenbewertung abgrenzt.	▶ Abschn. 5.1
kennen Sie wichtige eindimensionale und zweidimensionale Methoden des Markencontrolling sowie Methoden der Markenimagemessung und der Markenstärkemessung.	▶ Abschn. 5.1
können Sie verhaltensbasierte, finanzwirtschaftliche und kombinierte Ansätze der Markenbewertung voneinander unterscheiden und kennen die jeweiligen Zielsetzungen.	▶ Abschn. 5.2
verstehen Sie die Vor- und Nachteile dieser Ansätze.	▶ Abschn. 5.2
haben Sie einen guten Überblick über die Funktionsweise des „Brand Rating"-Modells von Interbrand.	▶ Abschn. 5.2
kennen Sie die wesentlichen Kriterien, die man allgemein an Verfahren der Markenbewertung anlegen sollte.	▶ Abschn. 5.2

5.1   Allgemeine Verfahren des Markencontrolling

Trotz der fortschreitenden inhaltlichen Entwicklung und Professionalisierung der Markenführung wird die Arbeit an der Marke immer noch zu häufig als Kunst verstanden, die auf Intuition basiert. Doch aufgrund der beachtlichen Vermögenswerte (▶ Abschn. 5.2), die die Markenführung zu verantworten hat, ist ein Management nach Bauchgefühl keine Option mehr. Versuch und Irrtum haben bei Aufbau und Pflege von Marken weitgehend ausgedient! Insofern ist Esch (2012, S. 582) zuzustimmen, wenn er fordert:

» Alle markenbezogenen Maßnahmen sollen mit dem Bewusstsein erfolgen, dass Investitionen in den immateriellen Vermögenswert Marke so systematisch und fundiert zu betreiben sind wie Investitionen in Anlagen und Fabriken.

Aus diesem Grund ist das Controlling der markenbezogenen Maßnahmen von hoher Bedeutung. Unter Markencontrolling versteht man die Informationsversorgung und Beratung aller mit der Markenführung befassten Stellen, verbunden mit einer übergeordneten Koordinationsfunktion (Meffert et al. 2012, S. 341). Die Markenidentität

◘ Abb. 5.1 Instrumente des Markencontrolling (in enger Anlehnung an Burmann et al. 2012, S. 220)

sollte den inhaltlichen Rahmen für das Markencontrolling bieten (Burmann et al. 2012, S. 218). Das Markencontrolling ist also – anders als es die Anordnung der Kapitel dieses Buches vermuten lässt – nicht die letzte Phase im Markenführungsprozess, sondern erfolgt zeitgleich mit den anderen Schritten. Die Markenerfolgsmessung, die Ergebnisse des Markenmanagements im Sinne eines Markenberichtswesens erfasst, analysiert und bewertet (Heemann 2008, S. 8), ist dabei nur ein Teilbereich des Markencontrolling.

> **Merke!**
>
> Unter **Markencontrolling** versteht man die Informationsversorgung und Beratung aller mit der Markenführung befassten Stellen, verbunden mit einer übergeordneten Koordinationsfunktion (vgl. Meffert et al. 2012, S. 279). Das Markencontrolling ist ein begleitender Prozess!

◘ Abbildung 5.1 gibt einen Überblick über wichtige Instrumente des Markencontrolling. Das **eindimensionale Markencontrolling**, zu dem die Markendeckungsbeitragsrechnung und die Markenprozesskostenrechnung zählen, lehnt sich dabei eng an die bekannten Verfahren der Kostenrechnung an. Die Markendeckungsbeitragsrechnung ermittelt die auf die Marke zurückzuführenden Produktdeckungsbeiträge. Im Rahmen der Markenprozesskostenrechnung werden die relevanten Kostentreiber betrieblicher Prozesse untersucht. Ziel ist die verursachungsgerechte Zuordnung von entstehenden Markengemeinkosten.

Zu den Instrumenten des **mehrdimensionalen Markencontrolling** zählen die Marken-Kauftrichter-Analyse, die Marken-Scorecard sowie die Markenidentitäts-Marken-

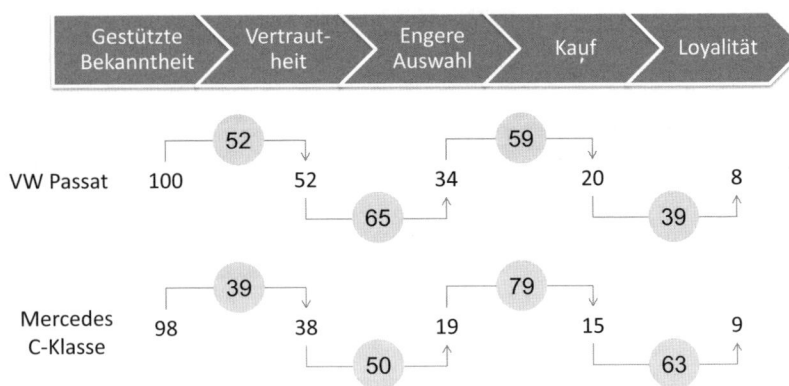

◘ Abb. 5.2 Marken-Kauftrichter-Analyse am Beispiel VW Passat und Mercedes C-Klasse (in Anlehnung an Perrey und Meyer 2011, S. 197)

image-Analyse. Im Rahmen der **Marken-Kauftrichter-Analyse** (Perrey und Meyer 2011, S. 192 ff.) wird der Weg des Kunden von seiner ersten Kenntnisnahme der Marke bis hin zu seinem Nachkaufverhalten in mehrere Phasen unterteilt. Eine klassische Unterteilung könnte sich z. B. am altbekannten AIDA-Modell orientieren, welches davon ausgeht, dass Marketingverantwortliche in einem ersten Schritt Aufmerksamkeit für ihre Marke erzeugen sollten („Attention"). In einem zweiten Schritt gelte es dann, durch das Bereitstellen geeigneter Informationen das Interesse des Kunden zu wecken („Interest"). In einem dritten Schritt sollte die Marke den Kunden emotional berühren, um seine Leidenschaft für diese zu wecken („Desire"). Im letzten Schritt wäre dann ein Kauf der Marke herbeizuführen („Action"). Übertragen auf den Kunden bedeutet dies, dass er erst mit einer Marke konfrontiert wird, sich dann über sie informiert, anschließend eine Beziehung zu ihr aufbaut und schließlich handelt. Hierzu ist allerdings anzumerken, dass es neben dem vierstufigen AIDA-Modell auch komplexere Phasenmodelle gibt (vgl. z. B. das DAGMAR-Modell; Dutka 1995), die die Wirklichkeit ggf. differenzierter abbilden. Zudem sind auch Kaufprozesse denkbar, die in einer anderen Phasenreihenfolge ablaufen. Insbesondere bei sogenannten Low-Involvement-Produkten (z. B. Toilettenpapier) oder bei stark emotional geprägten Produktkategorien (z. B. Parfum) dürften sich die Kaufprozesse deutlich von denen unterscheiden, die bei „normalen" Produkten zu beobachten sind. Sind aber schließlich geeignete Phasen definiert, die den Kaufprozess hinlänglich beschreiben, sollte man durch empirische Analyse feststellen, wie viele Kunden auf dem Weg von der ersten zur letzten Phase „verlorengehen". Aus diesen Transferraten können dann Rückschlüsse hinsichtlich einer Optimierung der Markenführung gezogen werden. ◘ Abbildung 5.2 gibt ein Beispiel für eine solche Marken-Kauftrichter-Analyse.

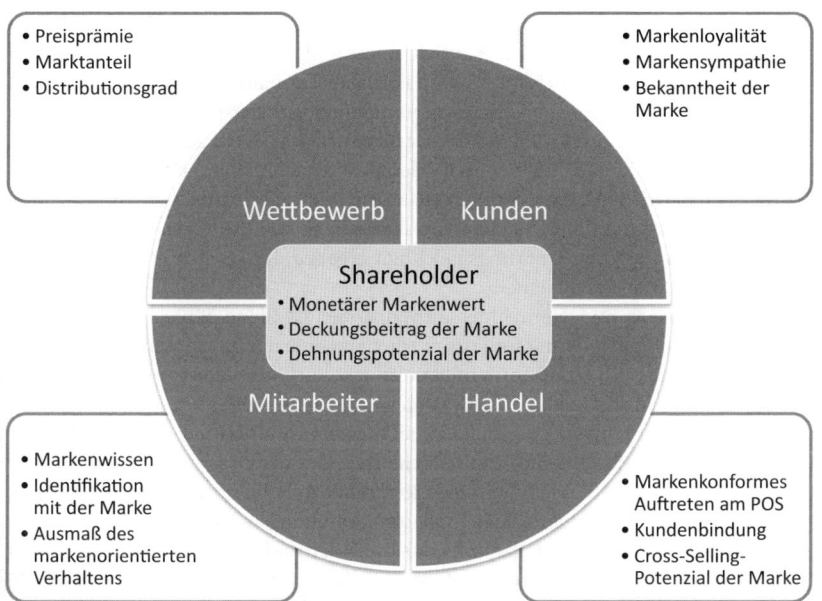

• Preisprämie
• Marktanteil
• Distributionsgrad

• Markenloyalität
• Markensympathie
• Bekanntheit der
  Marke

Wettbewerb   Kunden

Shareholder
• Monetärer Markenwert
• Deckungsbeitrag der Marke
• Dehnungspotenzial der Marke

Mitarbeiter   Handel

• Markenwissen
• Identifikation
  mit der Marke
• Ausmaß des
  markenorientierten
  Verhaltens

• Markenkonformes
  Auftreten am POS
• Kundenbindung
• Cross-Selling-
  Potenzial der Marke

◘ Abb. 5.3 Aufbau und KPIs einer Marken-Scorecard (Beispiel)

Das Konzept der **Marken-Scorecard** (Meffert und Koers 2005, S. 284 ff.; Linxweiler 2004, 2001; Linxweiler und Henneka 2002) wurde in Anlehnung an das Konzept der Balanced Scorecard entwickelt, welches in der Literatur vor allem durch Kaplan und Norton (1996, 1992) Verbreitung gefunden hat. Ziel einer solchen Scorecard ist es, die Ziele der Markenführung an übergeordneten Unternehmenszielen auszurichten und ihnen konkrete Messgrößen zuzuweisen. Dabei sind entsprechende markenbezogene Erfolgskennzahlen aus der Perspektive unterschiedlicher Anspruchsgruppen („Stakeholder") zu formulieren. Zu diesen Anspruchsgruppen zählen aus einer Marktperspektive beispielsweise Kunden und Handel, aus einer internen Perspektive die Mitarbeiter und aus einer Ergebnisperspektive die Anteilseigner („Shareholder"). Auch die Stellung der Marke gegenüber den Wettbewerbern sollte Berücksichtigung finden. Werden für die Messgrößen nun Zielwerte, sogenannte markenbezogene „Key Performance Indicators" (KPIs), definiert und erreicht oder sogar übertroffen, konnte die Markenführung mit ihren Maßnahmen dazu beitragen, das Unternehmen zielgruppenübergreifend erfolgreicher zu machen. ◘ Abbildung 5.3 illustriert an einem fiktiven Beispiel den Aufbau und mögliche KPIs einer Marken-Scorecard.

Die Begrifflichkeiten der identitätsbasierten Markenführung stehen im Mittelpunkt der **Markenidentitäts-Markenimage-Analyse**, die auch als Gap-Analyse bezeichnet wird (Burmann und Meffert 2005, S. 107 ff.). Grundlage dieser Analyse bildet die Überlegung, dass sowohl Markenidentität als auch Markenimage aus einer Soll- und einer Ist-Perspektive beschrieben werden können. Während die Markenidentität aus beiden Perspektiven und das Markenimage aus einer Soll-Perspektive intern festzulegen sind, werden zur Ermittlung des Ist-Markenimages die Ansätze der Markenimagemessung benötigt. Die Grundüberlegung der Markenidentitäts-Markenimage-Analyse besteht nun darin, Markenidentität und Markenimage jeweils aus einer Ist- und einer Soll-Perspektive gegenüberzustellen (Burmann et al. 2012, S. 221). Sollten die Gegenüberstellungen keine Deckungsgleichheit ergeben, lassen sich Handlungsfelder ableiten, um die Marke zu stärken.

Als Beispiel mag ein Unternehmen dienen, dessen Ist-Identität nicht dem Ist-Image entspricht. Wenn die Identität sorgsam erarbeitet wurde und keine Wunschbilder enthält, kann dies nur auf eine Kommunikationslücke zurückgeführt werden. Die Marke drückt sich an den Markenkontaktpunkten anscheinend nicht so aus, wie sie tatsächlich ist. Entspricht hingegen die Ist-Identität nicht dem Soll-Image, müsste die Marke bzw. das Unternehmen entweder sich durch Methoden der Organisationsentwicklung eine andere Identität zulegen oder durch kommunikative Maßnahmen das Soll-Image verändern, um ein entsprechendes Gleichgewicht zu erzielen. Denn nur wenn Identität und Image im Einklang sind, kann der Aufbau einer starken Marke gelingen. In diesem Sinne spricht man von einer Identifikationslücke, wenn Soll- und Ist-Image nicht übereinstimmen, von einer Leistungslücke, wenn Soll- und Ist-Identität voneinander abweichen, und von einer Wahrnehmungslücke, wenn Soll-Image und Soll-Identität auseinanderliegen. Sind Soll-Identität und Ist-Image unterschiedlich, stehen Marke und Unternehmen vor einem Change-Prozess, auf den es die Kunden mitzunehmen gilt.

> ❯ **Auf den Punkt gebracht: Markendeckungsbeitragsrechnung und Markenprozesskostenrechnung zählen zu den eindimensionalen, Marken-Kauftrichter-Analyse, Marken-Scorecard sowie die Markenidentitäts-Markenimage-Analyse zu den mehrdimensionalen Verfahren des Markencontrolling.**

Die **Markenimagemessung** lässt sich u. a. mit qualitativen Methoden, Imageprofilen und Positionierungsanalysen vollziehen. Zu den **qualitativen Methoden** zählt z. B. die Erarbeitung von Stimmungsbildern („Mood Boards"), anhand derer in kreativer Weise, z. B. mit verschiedenen Bildern, Texten oder Farben, die aktuelle oder gewünschte Wahrnehmung der Marken dargestellt wird. Stimmungsbilder entstehen häufig im Rahmen von Workshops mit ausgewählten Mitgliedern der Zielgruppe, werden aber auch von Agenturen und Marktforschungsinstituten eingesetzt, um ein Markenimage zu visualisieren. Weitere qualitative Methoden stellen **tiefenpsychologische Verfahren** dar, bei denen Psychologen unterschiedliche Praktiken anwenden, um in Gesprächen mit Konsumenten Markenimages zu analysieren. Eine mögliche

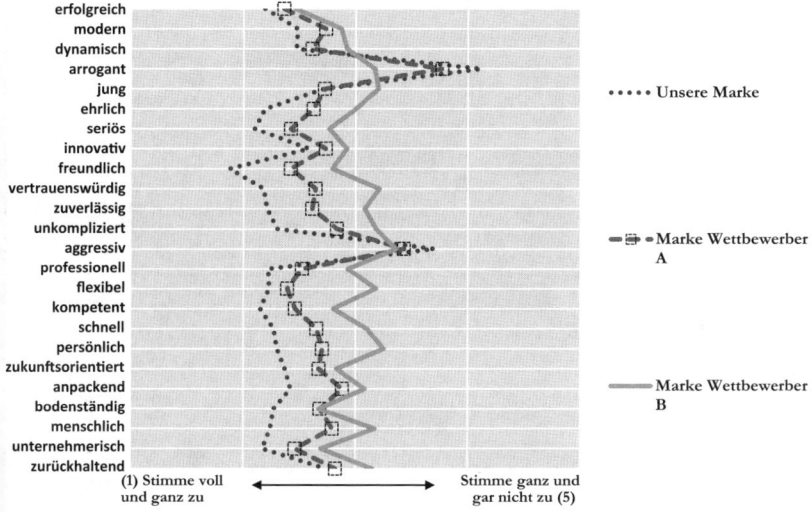

◘ Abb. 5.4 Beispiel eines Imageprofils

Vorgehensweise besteht darin, einzelne Personen, die die Marke kennen, zu bitten, aus einem Bilderkatalog diejenigen Bilder auszusuchen, die aus ihrer individuellen Perspektive am besten zur Marke passen. Die Auswahl wird anschließend mit den Befragten im Hinblick auf ihren Symbolgehalt diskutiert. Bei der **Messung der Markenpersönlichkeit** werden nur Teilaspekte des Images erfragt. Hier steht im Vordergrund, welche personalen Eigenschaften einer Marke zugeordnet werden können. Eine typische Fragestellung hierzu könnte lauten: „Stellen Sie sich vor, die Tür geht auf und die Marke Apple kommt herein. Beschreiben Sie diese Person: Wie alt ist sie? Ist sie männlich oder weiblich? Welche Kleider trägt sie? Welche Eigenschaften können Sie dieser Person zuweisen? Was glauben Sie, welche Automarke fährt diese Person?"

Imageprofile entstehen durch repräsentative Befragungen bestimmter Zielgruppen. Dabei werden häufig Skalen verwendet, die sich aus der wissenschaftlichen Perspektive bewährt haben, um Images umfassend zu beschreiben. ◘ Abbildung 5.4 zeigt ein entsprechendes Beispiel.

Positionierungsanalysen zählen zu den klassischen Instrumenten des Marketing. Hierbei geht es darum, die Marke unter Berücksichtigung ihres Wettbewerbsumfeldes in einem mehrdimensionalen Raum zu verorten. Als Instrumente der Positionierungsanalyse werden insbesondere die multidimensionale Skalierung (MDS) und die Korrespondenzanalyse eingesetzt. Die MDS ermittelt dabei die Ähnlichkeit von Marken und in der Folge ihre wechselseitige Anordnung im mehrdimensionalen Raum auf der

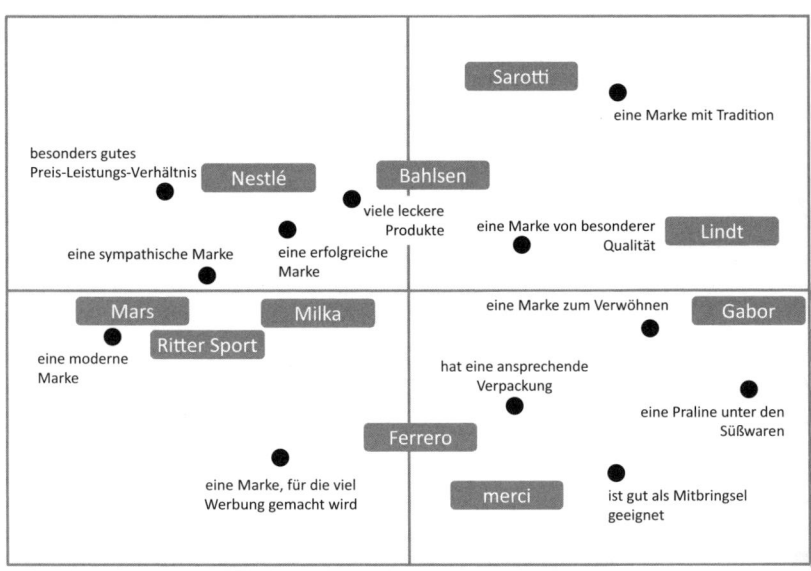

Abb. 5.5 Beispielhaftes Ergebnis einer Korrespondenzanalyse (in enger Anlehnung an Scharf et al. 2012, S. 285)

Basis ganzheitlicher Vergleiche („Welche der folgenden Marken sind sich am ähnlichsten, am zweitähnlichsten etc."). Demgegenüber werden bei der Korrespondenzanalyse die im Wettbewerb zueinander stehenden Marken von den Befragten im Hinblick auf bestimmte Eigenschaften bewertet. Die Marken erscheinen dann gemeinsam mit den verwendeten Kriterien (z. B. Imagestatements) im mehrdimensionalen Raum. ◨ Abbildung 5.5 zeigt ein solches Beispiel für Süßwarenmarken.

Ziel der Positionierungsanalyse ist es, die aus Sicht der relevanten Zielgruppen vergleichbaren Wettbewerber zu identifizieren, um sich mit entsprechenden Maßnahmen der Markenführung stärker von diesen zu differenzieren. Im Zuge von Markenneueinführungen und Marken-Repositionierungen geht es häufig auch darum, sogenannte Positionierungslücken zu identifizieren, also Wahrnehmungsbereiche, die für den Kunden relevant, aber bisher noch nicht besetzt sind. Hier wird es in der Regel einfacher gelingen, ein spezifisches Markenimage aufzubauen. Ausdrücklich ist allerdings davor zu warnen, bestehende Marken alleine durch kommunikative Maßnahmen in Richtung der Positionierungslücken zu drängen, ohne den Leistungsbereich der Marke zu berücksichtigen. Marken mit einer starken Identität, die sich erfolgreich im Markt manifestieren konnte, sind nur unter höchster Anstrengung zu repositionieren.

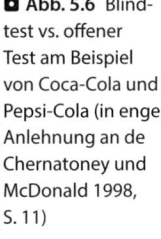

■ **Abb. 5.6** Blind-test vs. offener Test am Beispiel von Coca-Cola und Pepsi-Cola (in enger Anlehnung an de Chernatoney und McDonald 1998, S. 11)

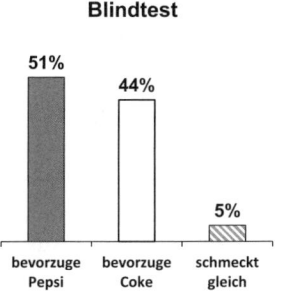

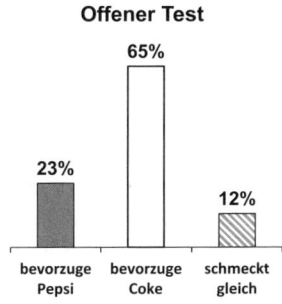

> ❯ Auf den Punkt gebracht: Die Markenimagemessung kann durch qualitative Methoden, Imageprofile und Positionierungsanalysen vollzogen werden. Zu den qualitativen Methoden zählen Stimmungsbilder, tiefenpsychologische Verfahren und Messungen der Markenpersönlichkeit.

Methoden der **Markenstärkemessung** beinhalten markenorientierte komparative Ansätze (z. B. Produkt-Blindtests), Tests zur Preisbereitschaft oder Analysen zum Grad des Gefallens von Kommunikationsarten und -inhalten. Im Kontext der **komparativen Ansätze** geht es um die Beurteilung einer Marke bei unterschiedlichen Ausgangsbedingungen: Wie wird die Marke durch Testpersonen im Vergleich zu einer bestimmten oder zu mehreren Wettbewerbsmarken beurteilt, wenn die Testpersonen nicht wissen, um welche Marke es sich handelt („Blind Test")? Im Vergleich hierzu wird in einem zweiten Durchgang ermittelt, ob sich die Einschätzungen verändern, wenn den Befragten die Identität der Marken bekannt ist („Branded Test"). Durch einen Vergleich beider Werte können Rückschlüsse auf die Stärke der Marke gezogen werden. ■ Abbildung 5.6 zeigt anhand der Gegenüberstellung der Präferenzwerte für Coca-Cola und Pepsi-Cola bei beiden Versuchssituationen („blind vs. branded"), welchen Einfluss die Kenntnis der Marke auf die Beurteilung des Geschmacks hat. Hieraus kann geschlossen werden, dass Coca-Cola die deutlich stärkere Marke ist.

Bei den **Tests zur Preisbereitschaft** versucht man herauszufinden, wie hoch die Mehr- oder Minderzahlungsbereitschaft für eine bestimmte Marke im Vergleich zu anderen Marken im Wettbewerbsumfeld ist. Aus den eruierten Beträgen lassen sich sodann Rückschlüsse auf die Markenstärke ziehen. Hierbei muss jedoch berücksichtigt werden, dass Konsumenten bei einer direkten Frage nach der Preisbereitschaft nur selten die Wahrheit sagen. Deshalb kommt bei Tests zur Preisbereitschaft häufig das multivariate Verfahren der Conjoint-Analyse zum Einsatz. **Analysen zum Grad des Gefallens von Kommunikationsarten und -inhalten** sind den Pre- oder Post-Tests der Werbeforschung zuzuordnen und lassen nur sehr begrenzt Rückschlüsse auf die Markenstärke zu.

> **Auf den Punkt gebracht: Methoden der Markenstärkemessung beinhalten Produkt-Blindtests, Tests zur Preisbereitschaft oder Analysen zum Grad des Gefallens von Kommunikationsarten und -inhalten.**

5.2 Verfahren der Markenbewertung

Der Markenwert macht bei führenden deutschen Unternehmen im Durchschnitt ca. 67 Prozent des Unternehmenswertes aus (PWC 2006, S. 8). Aus betriebswirtschaftlicher Perspektive wäre es daher töricht, einen so bedeutenden Wertanteil nicht aktiv zu gestalten. Hierzu gehört auch die regelmäßige Messung des Markenwerts – entsprechend einer alten BWL-Weisheit: „Was nicht gemessen werden kann, kann auch nicht gemanagt werden." Der Markenwert lässt sich dabei wie folgt definieren (Aaker 1996, S. 7 f.):

>> Brand Equity is a set of assets (and liabilities) linked to a brand's name and symbol that adds to (or subtracts from) the value provided by a product or service to a firm and/or that firm's customers.

Es gibt viele plausible Gründe, sich mit der Markenwertmessung zu beschäftigen (Jost-Benz 2009, S. 26). Zunächst einmal dient der Markenwert als **Kenngröße für die Bewertung von Unternehmen.** Kenntnisse über den Wert einer Marke beeinflussen den **Preis beim Kauf bzw. Verkauf** einer Marke. Hierfür gibt es eine Reihe guter Beispiele (Wirtz 2003, S. 367): Als im Jahr 1988 Kraft Foods durch Philipp Morris übernommen wurde, entfielen ca. 90 Prozent der gezahlten 12,9 Mrd. US-Dollar auf die Marke. Bei der Übernahme des Markenherstellers Rowntree durch Nestle betrug der Kaufpreis das Dreifache des Börsenwerts bzw. das 26-Fache des Erlöses. Und bei der Übernahme der Brauerei Beck's durch Interbrew wurde nach Schätzungen für den Markenwert von Beck's ein Preispremium von 500 Mio. Euro bezahlt. Informationen über den Markenwert geben hier deutliche Auskunft über das **Zukunftspotenzial** des zu bewertenden Unternehmens. Denn Unternehmen mit einer starken Unternehmensmarke oder auch mehreren starken Produktmarken sind grundsätzlich weniger anfällig für Risiken als andere Unternehmen ihrer Branche.

Darüber hinaus sprechen viele weitere Gründe für die Markenwertmessung: Der Markenwert ist eine geeignete **Kennzahl für die Bewertung der Qualität des Markenmanagements.** Wo sonst sollte sich gutes Markenmanagement niederschlagen, wenn nicht im Markenwert? Darüber hinaus kann der Markenwert **für die Festlegung von Lizenzgebühren** herangezogen werden. Im Lizenzgeschäft hängt der Erfolg eines lizensierten Produktes ganz entscheidend von der Markenstärke des Lizenzgebers ab. Da erscheint es nur gerecht, wenn sich bei Veränderungen der Markenstärke – nach oben oder unten – auch die Lizenzgebühren verändern. Weiterhin bietet der Markenwert eine valide Grundlage zur **Ermittlung einer Markenwertschädigung durch Produkt-**

piraterie und ermöglicht so konkrete Schadensersatzforderungen. Der Markenwert kann auch als Basis für **Anreizsysteme in der Personalführung** dienen. So können zumindest Teile des Bonussystems an die Entwicklung des Markenwerts gekoppelt werden, um markenkonformes Verhalten der Führungskräfte und Mitarbeiter zu fördern. Schließlich kann der Markenwert, sollte er als monetärer Wert vorliegen, auch als **Wert-Input für die Rechnungslegung** dienen (Burmann et al. 2012, S. 238 f.). Nach dem Handelsgesetzbuch (HGB) ist eine Aktivierung selbst erstellter Marken zwar nicht möglich. Es besteht allerdings eine Ansatzpflicht für erworbene Marken. Nach dem internationalen Standard IAS/IFRS besteht zudem ein Aktivierungsverbot für selbst erstellte Marken. Bei Unternehmenszusammenschlüssen und -übernahmen ist aber eine monetäre Bewertung von immateriellen Vermögensgegenständen zum Zugangszeitpunkt notwendig. Bei einer bestimmten Nutzungsdauer dürfen Marken dann planmäßig abgeschrieben werden. Bei einer unbestimmten Nutzungsdauer muss jedoch eine jährliche Werthaltigkeitsprüfung der Marke (Impairment Test) durchgeführt werden. Hierfür bieten sich monetäre Verfahren der Markenbewertung an.

> **Auf den Punkt gebracht: Marken sind wichtige Vermögensgegenstände.** Deshalb gibt es viele gute Gründe, ihren Wert – indexbasiert oder als monetären Wert – zu messen.

Die Verfahren der Markenbewertung lassen sich unterteilen in **verhaltensorientierte, finanzwirtschaftliche und kombinierte Verfahren.** Erstere errechnen den Markenwert mehrdimensional als einen Index der Markenstärke, ohne diesen in einen monetären Wert zu transferieren. Die finanzwirtschaftlichen Verfahren zielen ab auf die Errechnung eines monetären Markenwerts. Die kombinierten Verfahren schließlich leisten zumeist beides: Aus einem Index der Markenstärke wird der monetäre Markenwert errechnet.

Grundlage für viele verhaltenswissenschaftliche Modelle ist das **„Customer-Based Brand Equity"-Modell** von Keller (1993). Keller schlägt vor, zur Messung der Markenstärke die Markenbekanntheit und das Markenimage zu erheben. Die Markenbekanntheit unterteilt er in eine gestützte und eine ungestützte Bekanntheit. So kann man potenzielle Kunden zunächst fragen, welche Marken sie innerhalb einer bestimmten Kategorie kennen, und sie daraufhin bitten, diese Marken aufzulisten. Das Ergebnis gibt Aufschluss über die ungestützte Bekanntheit. Man kann die Befragten aber auch in einer vorbereiteten Liste diejenigen Marken „ankreuzen" lassen, die sie (er-)kennen. Dies gibt Aufschluss über die gestützte Bekanntheit. Generell geht man davon aus, dass die ungestützte Bekanntheit in denjenigen Fällen wichtiger ist, in denen eine Kaufentscheidung außerhalb des Point of Sale (z. B. zuhause) getroffen wird, während die gestützte Bekanntheit von besonderer Relevanz ist, wenn die Kaufentscheidung erst am Point of Sale (z. B. im Supermarkt) fällt. Die Kaufentscheidung über einen Neuwagen wird man wahrscheinlich nicht beim Händler treffen, wohingegen Produkte wie Toilettenpapier oder Kaugummis tendenziell am Point of Sale (POS) ausgewählt werden.

Bezüglich des Markenimages geht es Kellers Ansatz zufolge darum, die Eigenschaften der mit der Marke verbundenen Assoziationen sowie deren Beziehungen zueinander aufzudecken. So sollte danach gefragt werden, welcher Art die Assoziationen sind, wie sie bewertet werden und wie stark sie mit der Marke verbunden sind. Mit der Marke Nutella beispielsweise können u. a. Assoziationen wie „Frühstück", „Nuss-Nougat", „Sport" oder „süß" verbunden werden. Dabei können „Frühstück" oder „Sport" positiv, die Eigenschaft „süß" möglicherweise negativ besetzt sein. Für die Bewertung des Markenimages ist es nun wichtig zu verstehen, wie stark die positiv oder negativ besetzten Vorstellungen mit der Marke Nutella verknüpft sind. Doch auch die Beziehungen der Assoziationen zueinander sind von Interesse. Die Gesamtheit der Eigenschaften sollte beim Konsumenten zu einer differenzierten und kongruenten Vorstellung der Marke Nutella führen. Führen einzelne Assoziationen wiederum zu anderen, entfernteren Assoziationen, besteht ggf. das Potenzial, die Marke auf weitere Produktkategorien auszudehnen und somit das Umsatzpotenzial zu erhöhen.

Ein bekanntes und weit verbreitetes verhaltensorientiertes Verfahren zur Messung der Markenstärke ist das **Eisbergmodell** von icon added value (Musiol et al. 2004, S. 382). Der Eisberg dient hier als Symbol: Bekanntlich ist nur ein kleiner Teil seiner Masse sichtbar, der größere Teil befindet sich unter der Wasseroberfläche. Übertragen auf Marken bedeutet dies, dass das Markenbild – also die sichtbare Erscheinungsform einer Marke – für das Markenimage weniger Bedeutung hat als der Teil „unter der Wasseroberfläche", der als Markenguthaben bezeichnet wird. Icon added value geht nun folgendermaßen vor: Mit verschiedenen Skalen werden die gestützte Markenbekanntheit, die Klarheit des inneren Bildes, der subjektiv wahrgenommene Werbedruck, die Einprägsamkeit der Werbung, die Marken-Uniqueness (d. h. die Einzigartigkeit der Marke) sowie die Attraktivität des inneren Bildes gemessen. Diese sechs Konstrukte formen das Markenbild. Das Markenguthaben wird über eine Erhebung der Markensympathie, des Markenvertrauens und der Markenloyalität ermittelt. Alle Messungen erfolgen durch Befragungen aus dem Blickwinkel des Konsumenten. Die Werte werden auf einer Skala von 0 bis 100 abgebildet und dem Durchschnitt innerhalb der Branche gegenübergestellt. Da das Markenguthaben nicht direkt zugänglich ist, kann nur über eine Veränderung des Markenbildes Guthaben aufgebaut werden. Stellt die Analyse beispielsweise fest, dass eine Marke im Vergleich zum Wettbewerb ein geringes Guthaben aufweist, sollte in das Markenbild investiert werden, sollte also ggf. der Werbedruck erhöht, einprägsamer geworben oder an der Bekanntheit gearbeitet werden. Hat eine Marke ein hohes Guthaben, aber ein schwach ausgeprägtes Markenbild, so profitiert sie von den Leistungen der Vergangenheit.

Der **Brand Asset Valuator (BAV)** von Young & Rubicam (Kötting 2004) basiert auf einer Bewertung von 35.000 Marken aus 51 Ländern durch 750.000 Probanden (Stand 2012). Die Erhebung der Daten erfolgte anhand von 52 nicht veröffentlichten Krite-

Abb. 5.7 Brand Asset Valuator (BAV) von Young & Roubican

rien. Das Modell unterscheidet zwischen der kognitiv geprägten Markenkraft und der emotional geprägten Markenstatur. Die Markenkraft ist dabei umso stärker, je mehr sich die Marke von vergleichbaren Marken unterscheidet und je größer die Relevanz der Marke für die Kaufentscheidung ist. Die Markenstatur ist umso kräftiger, je größer das Ansehen der Marke und die Vertrautheit der Konsumenten mit der Marke ist. Stellt man nun Markenkraft und Markenstatur in einer Vier-Felder-Matrix mit den Ausprägungen hoch und niedrig gegenüber, so ergeben sich vier Typen von Marken (■ Abb. 5.7): führende Marken, wachsende Marken, erodierende Marken sowie junge, neue oder schwache Marken. Da diese Informationen für viele Marken vorliegen, können hieraus interessante Schlussfolgerungen für die Markenführung gezogen werden.

Ein weiteres verhaltensorientiertes Modell ist der „Brand Trust Performance"-Monitor (Gietl 2014, S. 87 ff.). Analog zum BAV bedient er sich einer Vier-Felder-Matrix, die allerdings auf anderen Kriterien beruht. So ermittelt die Markenberatung Brand Trust zunächst die Attraktivität von Marken. Hierzu werden Informationen zur Kundenloyalität, zur Weiterempfehlungsbereitschaft und zum Potenzial der Marke eingeholt, ein Preispremium zu erzielen. Dann wird der Bekanntheitsgrad im Vergleich zu den wichtigsten Wettbewerbsmarken innerhalb der jeweiligen Zielgruppen der Marke beurteilt. Somit ergeben sich wiederum vier Felder (■ Abb. 5.8): In Feld 1 befinden sich die Marken, die im Vergleich zum Durchschnitt der Wettbewerber wenig attraktiv und wenig bekannt sind. Diese werden „No-Brands" genannt. Feld 2 sind die Marken zugewiesen, die überdurchschnittlich attraktiv, aber unterdurchschnittlich bekannt sind. Diese werden als „In-Brands" bezeichnet. In Feld 3 sind die sogenannten „Star-Brands" verortet – Marken, die im Wettbewerbsvergleich überdurchschnittlich bekannt und attraktiv sind. Feld 4 beinhaltet schließlich die „Out-Brands", also Marken, die sehr bekannt, für ihre

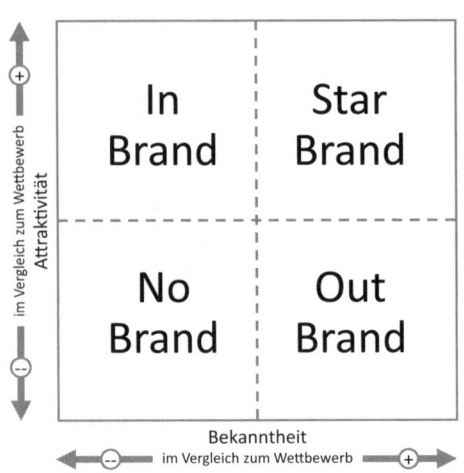

◘ Abb. 5.8 „Brand Trust Performance"-Monitor

Kunden aber wenig attraktiv sind. Die Schlussfolgerung: Ist die Attraktivität einer Marke größer als ihre Bekanntheit, hat die Marke gute Chancen auf eine profitable Entwicklung. Generell lässt sich zum Modell festhalten, dass es plausibel und praxisorientiert ist, aber leider nur wenige Informationen über die Position bekannter Marken innerhalb der Matrix beinhaltet bzw. diese von den Autoren nur begrenzt veröffentlicht sind.

Beispiel: Anwendung des „Brand Trust Performance"-Monitors
Fast 1500 Besserverdiener wurden im Juli und August 2012 durch Online-Interviews von der puls Marktforschung für die Brand Trust-Studie „New Luxury & Brands Reloaded" befragt. Ziel der Studie war es, mehr über die Luxus-Präferenzen von Konsumenten in Deutschland, Österreich und der Schweiz (DACH-Staaten), in China und den USA zu erfahren. Dabei stellten die Studienautoren fest, dass die Marke Rolex in allen untersuchten Ländern eine sehr hohe Bekanntheit besitzt, doch lediglich in China gleichzeitig als begehrenswert gilt. Die Besserverdiener in DACH präferieren andere, weniger auffällige Zeitmesser, und Rolex rangiert wohl auch deshalb unter den ‚Out Brands'. Als ‚In Brands' mit sehr hoher Attraktivität konnten in DACH Lange & Söhne, IWC, Chronoswiss und Patek Philippe identifiziert werden. Die einzige länderübergreifende Uhren-‚Star Brand' war Omega, die damit wirbt, die erste Uhr auf dem Mond gewesen zu sein. Einige zentrale Studienergebnisse sind in einer Pressemitteilung von Brand Trust dargestellt: ▶ http://www.brand-trust.de/de/presse/pressemitteilungen/2013/PM_Luxusmarken-im-Vergleich-DACH-USA-China.php (Zugriff 12. Januar 2015).

Neben den modellspezifischen Kritikpunkten sind beim Blick auf die verhaltensorientierten Methoden der Markenbewertung folgende **Vor- und Nachteile** zu erkennen (Burmann et al. 2012, S. 244, 257): Sie berücksichtigen verhaltensorientierte Größen und sind damit überaus praxisrelevant, da sie konkrete Hinweise zum Management von Marken geben. Zudem zielen sie darauf ab, markenspezifische Erfolgsgrößen zu identifizieren und diese von anderen Kennzahlen zu isolieren. Allerdings führen sie nicht zur Errechnung eines monetären Markenwerts, und es besteht die Gefahr subjektiver Einschätzungen. Weiterhin sind sie teilweise intransparent, und eine Interdependenz zwischen den verwendeten Variablen kann nicht ausgeschlossen werden. Schließlich sind bisher keine verhaltenswissenschaftlichen Verfahren bekannt, die beispielsweise durch die Einschätzung der Mitarbeiter neben der externen auch die interne Markenstärke berücksichtigen. Auch Ansätze, die im Sinne einer umfassenden Stakeholder orientierten Vorgehensweise weitere Anspruchsgruppen in die Betrachtung einbeziehen (z. B. Lieferanten), sind nicht verbreitet.

> ❯ **Auf den Punkt gebracht: Zu den verhaltensorientierten Modellen der Markenbewertung zählen das Customer Based Brand Equity-Modell von Keller, das Eisbergmodell von icon added value, der Brand Asset Valuator von Young & Rubicam sowie der Performance-Monitor von Brand Trust. Sie sind überaus praxisrelevant, führen aber nicht zur Errechnung eines monetären Markenwerts.**

Die **finanzwissenschaftlichen Verfahren** zielen mehrheitlich auf die Ermittlung eines monetären Markenwerts ausschließlich auf der Basis markeninduzierter Kosten und Erlöse ab. Hierzu zählen kostenorientierte Ansätze wie der **Ansatz der historischen Kosten** oder der **Ansatz der Wiederbeschaffungskosten**. Während ersterer den Markenwert als Funktion der aggregierten Marketing- und Entwicklungskosten, die einer Marke zugerechnet werden müssen (Markeninvestitionen), versteht, addiert letzterer die zum Stichtag notwendigen Aufwendungen zur Etablierung einer gleichwertigen Marke, um den Markenwert in Geldeinheiten auszudrücken. Es versteht sich von selbst, dass beide Ansätze das Phänomen Marke in der Praxis nicht erklären können. Beim Ansatz der historischen Kosten würden Fehlinvestitionen (z. B. misslungene Werbekampagnen oder gefloppte Produktneueinführungen) dazu beitragen, den Markenwert zu erhöhen. Beim Ansatz der Wiederbeschaffungskosten stellt sich die Frage, wie man diese ermittelt und bewertet.

Der **Premium-Preis-Ansatz** definiert den Markenwert als Differenz zwischen dem Marktpreis der markierten Leistung und dem Preis einer identischen, aber nicht markierten Leistung, multipliziert mit der abgesetzten Stückzahl. Hierzu ist anzumerken, dass der Premium-Preis-Ansatz konzeptionell tatsächlich das widerspiegelt, was eine Marke für ihren Produzenten leisten soll (▶ Abschn. 1.2): das Erzielen eines Preisaufschlages. Dieser Ansatz ist demnach theoretisch wertvoll. Allerdings dürfte es sehr schwierig sein, diese Methode in einer Laborsituation praktisch anzuwenden. Kann man sich bei einem Softdrink wie z. B. Coca-Cola zwar noch vorstellen, einer Flasche mit dem typischen roten Etikett inklusive Coca-Cola-Schriftzug eine identische Flasche ohne diese Eigenschaften gegenüberzustellen, um nach der jeweiligen Preisbereitschaft zu fragen, so erscheint dies in anderen Produktkategorien unmöglich: Denn wie sollte man einen BMW so verändern, dass der Proband nicht merkt, dass es sich um einen BMW handelt? Der Verzicht auf ein Logo dürfte hier bei weitem nicht ausreichen. Außerdem gibt es Marken, die gerade deshalb erfolgreich sind, weil sie eine gute Leistung zu einem durchschnittlichen Marktpreis bieten oder einen besonderen Preisvorteil aufweisen. Man denke dabei an Marken wie Lewis, s.Oliver und Esprit oder auch Aldi, Congstar und Ryanair. Da solche Marken keinen oder sogar einen negativen Premium-Preis aufweisen, hätten sie demzufolge keinen oder einen negativen Markenwert. Diese Kritik ist auch für den später noch folgenden Brand-Rating-Ansatz von icon added value gültig – einem kombinierten Verfahren der Markenbewertung, welches als einen Bestandteil Informationen über Premium-Preise heranzieht.

Der **marktwertorientierte Ansatz** interpretiert den Markenwert als Wert einer Marke aus Angebot und Nachfrage auf einem Markt für Marken oder Lizenzen. Da ein solcher Markt jedoch in vielen Bereichen nicht existiert und auch nicht permanent zur Ermittlung des eigenen Markenwertes genutzt werden kann, ist er eher theoretischer Natur. **Ertragswertorientierte Verfahren** errechnen den Markenwert als Barwert aller zukünftigen Einzahlungsüberschüsse, die der Eigentümer aus einer Marke erwirtschaften kann (Barwert-Methode). Hierbei besteht allerdings das Problem, die der Marke zuzuordnenden zukünftigen Einzahlungsüberschüsse zu ermitteln. Dennoch nutzen moderne Verfahren der Markenbewertung wie beispielsweise der Ansatz von Interbrand kapitalwertorientierte Verfahren mit angemessenen Diskontierungssätzen.

Kapitalmarktorientierte Verfahren sind finanzwissenschaftliche Verfahren, die den monetären Markenwert nicht auf Basis markeninduzierter Kosten und Erlöse, sondern durch frei zugängliche Informationen an den Kapitalmärkten ermitteln. Simon und Sullivan (1993) definieren den Markenwert wie folgt:

$$MW = AK * AA - (AV + IV)$$

Dabei steht „MW" für den Markenwert, „AK" für den Aktienkurs, „AA" für die Anzahl der Aktien, „AV" für das Anlagevermögen sowie „IV" für das immaterielle Vermögen, das nicht die Marke betrifft. Auch wenn die Ermittlung des Markenwertes nach diesem Ansatz aufgrund der Zugänglichkeit aller Daten eher einfach ist, hat er zumindest zwei spezifische Nachteile: Erstens ändert sich nach diesem Verfahren der Markenwert jeden Tag – je nachdem, wie sich der Aktienkurs ändert. Zweitens können Veränderungen der Aktienkurse viele Gründe haben, die ggf. gar nichts mit der Marke zu tun haben.

Mit Blick auf die finanzwissenschaftlichen Verfahren lassen sich unterschiedliche **Vor- und Nachteile** dieser Ansätze identifizieren (Burmann et al. 2012, S. 240): Positiv anzumerken ist, dass der Markenwert aus Daten des Unternehmens gebildet wird. Die überwiegend einfachen Methoden erlauben eine schnelle und kostengünstige Berechnung und resultieren in einem monetären Markenwert. Zu kritisieren ist allerdings, dass sie keine Vorstellungen der Konsumenten berücksichtigen und somit die Perspektive der Nachfrager völlig ausblenden. Wenn jedoch Marken in den Köpfen von Konsumenten verankert sind oder sich zumindest dort in Form von Markenimages konkretisieren, so sollten konsumentenbezogene Einschätzungen bei der Ermittlung des Markenwertes in jedem Fall eine Rolle spielen. Zudem berücksichtigen die finanzwissenschaftlichen Verfahren auch nicht die interne Markenstärke.

> **Auf den Punkt gebracht:** Unter den finanzwissenschaftlichen Verfahren sind der Premium-Preis-Ansatz sowie ertragswertorientierte Verfahren hervorzuheben, da beide bei bekannten kombinierten Verfahren der Markenbewertung eine wichtige Rolle spielen.

Mit den **kombinierten Verfahren zur Markenbewertung**, auch „integrative Markenbewertungsansätze" genannt, sollen die Vorteile der finanzwissenschaftlichen und verhaltensorientierten Verfahren kombiniert und gleichzeitig ihre Nachteile vermieden werden. Zu den verbreitetsten Verfahren zählen das Brand-Valuation-Modell von Interbrand, der Brand-Rating-Ansatz von icon added value und der Brand Equity Meter von McKinsey. Da das Beratungsunternehmen Interbrand jährlich eine Rangliste mit den 100 wertvollsten Marken der Welt veröffentlicht (◘ Tab. 5.2), zählt das korrespondierende Bewertungsverfahren zu den bekanntesten Verfahren und soll im Folgenden beispielhaft für andere integrative Markenbewertungsansätze dargestellt werden.

Beispiel:

Die bekannten Verfahren zur Bemessung eines monetären Markenwertes kommen zum Teil zu sehr unterschiedlichen Ergebnissen. Hanser et al. (2004) konnten bei einer Bewertung der fiktiven Marke TANK AG durch führende Anbieter aufzeigen, dass die Bewertung zwischen den einzelnen Verfahren um mehrere 100 Prozent abwich, obwohl allen teilnehmenden Beratungshäusern dieselbe Datengrundlage zur Verfügung stand. Burmann et al. (2012, S. 230) sprechen in diesem Zusammenhang von einer „Fassadenbewertung" und einer „Vielzahl willkürlich entwickelter, nicht kompatibler Markenbewertungsmodelle mit stark eingeschränkter Aussagekraft".

Das vor wenigen Jahren komplett überarbeitete Modell von Interbrand setzt zunächst eine Marktsegmentierung voraus, da die Markenstärke nur innerhalb weitgehend homogener Zielgruppen zu ermitteln ist. So erscheint es beispielsweise zielführend, eine Marke wie Nike nicht nur aus dem Blickwinkel der Konsumenten, sondern auch des Handels zu bewerten. Ist eine Segmentierung erfolgt, wird pro Segment eine Betrachtung innerhalb der drei Modellbausteine „Finanzanalyse", „Rolle der Marke" und „Markenstärke" durchgeführt. In jedem dieser Marktsegmente wird vergleichbar vorgegangen. Im Anschluss an die segmentspezifische Bewertung werden die Ergeb-

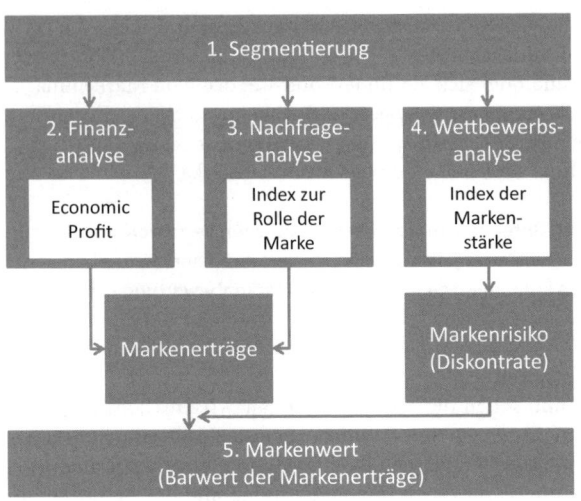

nisse zu einem globalen Markenwert zusammengeführt (Rocha 2014). ◻ Abbildung 5.9 verdeutlicht die Vorgehensweise.

Das Ergebnis der Finanzanalyse, des ersten Bausteins, bildet die Grundlage des Brand-Rating-Ansatzes von Interbrand. Die entscheidende Kennzahl ist hierbei der Economic Profit, der den operativen Gewinn der Marke nach Steuern ausweist, reduziert um die Kosten des eingesetzten Kapitals, welches benötigt wird, um die Geschäftätigkeit zu ermöglichen. Hierfür wird eine Finanzprognose für das zu bewertende Unternehmen über die nächsten fünf Jahre erarbeitet, die sich zunächst auf Umsätze und Gewinne bezieht und sodann den Economic Profit ableitet. Schätzungen über den finanziellen Erfolg der Marke über den Prognosezeitraum hinaus fließen ebenfalls in das Modell ein. Der Diskontierungsfaktor wird in Anlehnung an die durchschnittlichen Kapitalkosten des Unternehmens festgelegt.

Die Rolle, die die Marke im Kaufentscheidungsprozess spielt, wird in der Nachfrageanalyse, dem zweiten Baustein des Brand-Rating-Verfahrens, durch den „Role of Brand Index" (RBI) abgebildet. Dieser Index bemisst den prozentualen Anteil an der Kaufentscheidung, der im Vergleich zu anderen kaufrelevanten Faktoren wie Preis, Produkteigenschaften oder Service auf die Marke zurückzuführen ist. Die gewonnenen Informationen aus der Finanz- und der Nachfrageanalyse werden nun zusammengeführt. Die auf den entsprechenden Tag abgezinsten zukünftigen Erträge, ermittelt auf Basis der Prognosen des Economic Profits, werden durch den RBI dahingehend korrigiert, dass für die weitere Analyse nur noch der markeninduzierte Anteil berücksichtigt wird.

In der Wettbewerbsanalyse, dem dritten Baustein des Brand-Rating-Verfahrens, wird die Markenstärke ermittelt. Sie misst die Fähigkeit der Marke, Loyalität aufzu-

◻ **Tab. 5.1** Dimensionen der Markenstärke nach Interbrand (in enger Anlehnung an Rocha 2014)

Interne Faktoren	Externe Faktoren
Klarheit über die Markenidentität, Positionierung, Zielgruppen etc.	**Authentizität**: Das Markenversprechen ist erlebbar und basiert auf der Unternehmensgeschichte und einer fundierten Werteorientierung. Sie entspricht den hohen Erwartungen ihrer Kunden.
Verbundenheit mit der Marke, Wissen um ihre Bedeutung und Einsatz entsprechender Ressourcen.	**Differenzierungskraft** aus der Sicht der Kunden im Vergleich zum Wettbewerb
Schutz: Inwieweit ist die Marke rechtlich geschützt?	**Präsenz**: Inwieweit ist die Marke präsent und wie intensiv wird über sie in traditionellen und sozialen Medien gesprochen?
Adaptionsfähigkeit: Kann sich die Marke an Herausforderungen der Märkte anpassen und nutzt sie entsprechende Möglichkeiten?	**Markenwissen**: Kunden kennen und schätzen die spezifischen Fähigkeiten und Charakteristika der Marke.
	Relevanz: Die Marke trifft die Bedürfnisse, Wünsche und kaufentscheidenden Kriterien der Kunden über alle relevanten demografischen und geografischen Gegebenheiten hinweg.
	Konsistenz: Das Ausmaß, in dem die Marke über alle wichtigen Kontaktpunkte hinweg den Erwartungen der Kunden gerecht wird.

bauen und somit auch in der Zukunft Nachfrage zu generieren und profitabel zu arbeiten. Die Markenstärke wird auf einer Skala von 0 bis 100 gemessen und basiert auf der Evaluation anhand von zehn Kriterien (◻ Tab. 5.1), von denen Interbrand annimmt, dass sie für eine starke Marke entscheidend sind.

Die Stärke der Marke wird durch die Auswertung bestehender Daten, durch Umfragen und Expertenurteile im Vergleich zu anderen Marken der Branche sowie zu weltweit führenden Marken ermittelt. Die Markenstärke korreliert dabei negativ mit dem Risikograd, der mit der Finanzprognose verbunden ist. Oder anders ausgedrückt: Je stärker die Marke eingeschätzt wird, desto geringer ist das Risiko zukünftig ausbleibender erwarteter Erträge. Denn eine starke Marke hat loyalere Kunden und trägt

◘ **Tab. 5.2** Die zehn wertvollsten Marken der Welt 2014 nach Interbrand (Quelle: Interbrand 2014)

Rangplatz	Marke	Wert 2014 in Mrd. US$	Veränderung ggü. 2013 in Prozent
1	Apple	118,863	+21
2	Google	107,439	+15
3	Coca-Cola	81,563	+3
4	IBM	72,244	−8
5	Microsoft	61,154	+3
6	General Electric	45,480	−3
7	Samsung	45,462	+15
8	Toyota	42,392	+20
9	McDonalds	42,254	+1
10	Mercedes-Benz	34,338	+8

damit auch ein geringeres finanzielles Risiko. Damit dürfte auch die Wahrscheinlichkeit des Eintreffens der Prognosen höher sein. Die spezifische Verknüpfung zwischen dem „Brand Strength Score" und der markenspezifischen Diskontierungsrate lässt sich durch eine S-Kurve beschreiben.

Der monetäre Markenwert wird nun dadurch berechnet, dass die auf Basis der Wettbewerbsanalyse ermittelte markenspezifische Diskontierungsrate auf die zum entsprechenden Tag bewerteten zukünftigen Einnahmen der Marke, die in der Finanz- und der Nachfrageanalyse ermittelt wurden, angewendet wird. Als Ergebnis bekommt man den Barwert der markenspezifischen Einkünfte. Dieser reflektiert die Fähigkeit der Marke, zukünftigen Herausforderungen erfolgreich zu begegnen und die erwarteten Erträge auch tatsächlich zu erwirtschaften. Eine Tabelle mit den zehn wertvollsten Marken 2014, die nach dem Interbrand-Ansatz bewertet wurden, findet sich in ◘ Tab. 5.2.

Der Brand-Rating-Ansatz von Interbrand ist weit verbreitet. Seine Vorteile liegen auf der Hand: Erstens berücksichtigt der Ansatz im Sinne aller kombinierten Ansätze verhaltensorientierte und finanzwirtschaftliche Größen, um einen monetären Markenwert auszuweisen. Zweitens ist er in der Lage, die Markenstärke bei unterschiedlichen Zielgruppen, z. B. bei den Konsumenten und beim Handel, zu beleuchten und ins Verhältnis zur globalen Markenstärke zu setzen. Drittens berücksichtigt Interbrand bei der Analyse der Markenstärke nicht nur eine externe, sondern auch eine interne Perspektive – und somit auch die Mitarbeiter und ihre Einstellung zur Marke als einen wesentlichen Treiber der Markenstärke. Viertens liegen Daten zu vielen Unternehmen vor, die bereits von Interbrand bewertet wurden. Dies ermöglicht eine gute Vergleichbarkeit mit Wettbewerbern. Fünftens erfährt der Ansatz eine hohe Akzeptanz auf der Ebene der Entscheider. Und sechstens weist der Ansatz einen monetären Markenwert aus.

Allerdings lassen sich auch einige Punkte kritisieren: So ist die Vorgehensweise von Interbrand nicht in jedem Punkt transparent, was z. B. bei der Ermittlung des markenspezifischen Diskontierungsfaktors auf Basis der Indizes der Markenstärke deutlich wird. Zudem kann nicht in jedem Fall sichergestellt werden, dass die Bewertung der Markenstärke durch den Brand Strength Score objektiv erfolgt (z. B. bei der Nutzung von Experteneinschätzungen) und die Dimensionen der Markenstärke unabhängig voneinander sind. Außerdem dürfte es sehr schwierig sein, verlässliche Zukunftsprognosen über den Economic Profit einer Marke zu treffen. Schließlich dürfte für nicht börsennotierte Unternehmen der Aufwand zur Beschaffung aller relevanten Daten relativ hoch sein.

> **Auf den Punkt gebracht: Das Herzstück des Brand-Valuation-Ansatzes von Interbrand bilden eine Finanz- und eine Nachfrageanalyse, aus denen sich die auf die Marke zurückzuführenden Einkünfte ergeben, sowie eine Wettbewerbsanalyse, aus der sich die Markenstärke und somit der anzusetzende Diskontierungsfaktor ableiten lassen.**

Auch wenn an dieser Stelle nur ausgewählte Verfahren der Markenbewertung dargestellt wurden, so bleibt doch festzuhalten, dass die Markenbewertung insgesamt noch einige Hürden zu überwinden hat, bevor sie zum verlässlichen Partner der Markenführung werden kann. Um den richtigen Weg zur Weiterentwicklung der Modelle aufzuzeigen, hat der Arbeitskreis Markenbewertung im Markenverband folgende zehn Anforderungen definiert, die Markenbewertungsmodelle zu erfüllen haben (Brand Valuation Forum 2015):

1. Berücksichtigung des Bewertungsanlasses und der Bewertungsfunktion
2. Berücksichtigung der Markenart und Markenfunktion
3. Berücksichtigung des Markenschutzes
4. Berücksichtigung der Marken- und Zielgruppenrelevanz
5. Berücksichtigung des aktuellen Markenstatus auf der Basis von repräsentativen Daten der relevanten Zielgruppe
6. Berücksichtigung der wirtschaftlichen Lebensdauer der Marke
7. Isolierung von markenspezifischen Einzahlungsüberschüssen
8. Berücksichtigung eines kapitalwertorientierten Verfahrens und eines angemessenen Diskontierungssatzes
9. Abbildung markenspezifischer Risiken (Markt- und Wettbewerbsrisiken)
10. Nachvollziehbarkeit und Transparenz

Burmann et al. (2012, S. 234) ergänzen aus einer identitätsbasierten Perspektive diese zehn Anforderungen um drei weitere. Die ersten beiden Anforderungen der Autoren sind dabei in der überarbeiteten Vorgehensweise von Interbrand bereits berücksichtigt: Bewertungsverfahren sollen sowohl unternehmensinterne als auch -externe Markenwertdeterminanten sowie sowohl verhaltenstheoretische als auch finanzwirtschaftliche Markenwertdeterminanten berücksichtigen. Zudem sollen auch Informationen über den Kundenstammwert (Customer Equity) inkludiert sein. Aktuell sind aber noch keine Modelle entwickelt worden, die die letztgenannte Forderung erfüllen und darüber hinaus auch ausreichend getestet sind. Insofern kann man sich dem Fazit von Esch (2012, S. 669) nur anschließen:

> » Der Königswert der Markenwertberechnung ist noch nicht verfügbar.

5.3 Lern-Kontrolle

Kurz und bündig
Unter Markencontrolling versteht man die Informationsversorgung und Beratung aller mit der Markenführung befassten Stellen verbunden mit einer übergeordneten Koordinationsfunktion. Die Markenerfolgsmessung und die monetäre Markenbewertung sind Teilbereiche des Markencontrolling. Das Markencontrolling soll dem Management relevante Informationen an die Hand geben, um die Qualität der Markenführung zu verbessern.

Es lassen sich eindimensionale und zweidimensionale Methoden des Markencontrolling sowie Methoden der Markenimagemessung und der Markenstärkemessung unterscheiden. Zudem gibt es verhaltensbasierte, finanzwirtschaftliche und kombinierte Ansätze der Markenbewertung. Sie alle haben unterschiedliche Vor- und Nachteile.

Sollen Marken monetär bewertet werden, sind kombinierte Ansätze der Markenbewertung vorzuziehen. Der bekannteste dieser Ansätze ist der Brand-Rating-Ansatz des Beratungsunternehmens Interbrand. Doch trotz vieler Stärken weist auch dieser Ansatz eindeutige Schwächen auf. Zu kritisieren sind die mangelnde Transparenz und eingeschränkte Objektivität sowie der nicht unerhebliche Aufwand bei der Datenerhebung. Im Bereich der Markenbewertung ist somit noch viel Forschungsarbeit zu leisten.

❓ Let's check
1. Was versteht man unter Markencontrolling im Allgemeinen und einem identitätsbasierten Markencontrolling im Speziellen?
2. In welchem Zusammenhang stehen Markencontrolling und die Markenerfolgsmessung?
3. Welche Instrumente des Markencontrolling kennen Sie?
4. Wie funktioniert eine Marken-Kauftrichter-Analyse?

5. Welche Empfehlungen lassen sich aus der in ◫ Abb. 5.2 dargestellten Marken-Kauftrichter-Analyse ableiten für die Markenmanager der Mercedes C-Klasse sowie des VW Passat?

6. Entwickeln Sie eine beispielhafte Marken-Scorecard für eine Marke Ihrer Wahl.

7. Nennen und erläutern Sie zwei Lücken, die sich aus einer Markenidentitäts-Markenimage-Analyse ergeben können.

8. Nennen und erläutern Sie beispielhafte Methoden der qualitativen Markenimagemessung.

9. Erläutern Sie die Positionierungsanalyse. Welche multivariaten Methoden werden im Rahmen der Positionierungsanalyse häufig eingesetzt? Vergleichen Sie diese Methoden miteinander.

10. Was versteht man unter einer Positionierungslücke? Warum ist eine Positionierungslücke nicht in jedem Fall durch eine Marke zu besetzen?

11. Nennen und erläutern Sie bekannte Methoden der Markenstärkemessung.

12. Nennen und erläutern Sie jeweils ein verhaltensorientiertes, finanzwissenschaftliches und kombiniertes Verfahren der Markenwertmessung.

13. Welche Gründe gibt es, die eine Messung des (monetären) Markenwerts notwendig erscheinen lassen?

14. Wo sehen Sie die Vorteile des Brand-Rating-Ansatzes von Interbrand? Wo liegen Ihrer Meinung nach die Nachteile?

15. Wie ist es zu erklären, dass verschiedene Markenbewertungsverfahren bei der Bewertung derselben Marke zu völlig unterschiedlichen Ergebnissen kommen?

16. Welche Kriterien sollten Markenbewertungsverfahren allgemein erfüllen?

❸ Lesen und Vertiefen

– Baumgarth (2014, S. 347 ff.) und Esch (2012, S. 581 ff.) geben in ihren Standardwerken zur Markenführung einen aktuellen, umfassenden und fundierten Überblick zum Markencontrolling. Eine etwas komprimiertere Einführung liefern Burmann et al. (2012, S. 217 ff.), wobei die Autoren ab S. 257 die identitätsbasierte Markenbewertung fokussieren. Für eine weitere Vertiefung in die Markenwertmessung empfiehlt sich das Herausgeberwerk von Schimansky (2004), auch wenn die eine oder andere Information hier nicht mehr aktuell ist, da die Verfahren inzwischen weiterentwickelt wurden.

– Arbeiten Sie sich in ein weiteres kombiniertes Verfahren der Markenbewertung ein, z. B. in den Brand-Rating-Ansatz von icon added value, das Brand Equity Meter von McKinsey oder das Markenwertmodell der GfK. In der auf die Markenbewertung spezialisierten Literatur sowie allgemein im Netz finden Sie hierzu viele wertvolle Informationen.

– Schauen Sie sich das aktuelle Interbrand-Ranking der wertvollsten Marken der Welt an. Sie finden es auf der Website des Unternehmens. Achten Sie dabei

besonders auf die Abweichungen zum Vorjahr und versuchen Sie zu analysie-
ren, wieso bestimmte Marken an Markenwert zugelegt, andere wiederum an
Markenwert verloren haben.
– Baumgarth et al. (2014) haben einen Bezugsrahmen zum Markenaudit im
Kulturumfeld entwickelt und getestet. Beurteilen Sie, inwieweit sich dieser
Bezugsrahmen zur Übertragung auf andere Markenumfelder eignet.

Literatur

Aaker, D. A. (1996). *Building Strong Brands*. New York: The Free Press.
Baumgarth, C. (2014). *Markenpolitik: Markentheorien, Markenwirkungen, Markenführung, Markencontrolling, Markenkontexte* (4. Aufl.). Wiesbaden: Springer Gabler.
Baumgarth, C., Kaluza, M., & Lohrisch, N. (2014). *Markenaudit für Kulturinstitutionen*. Wiesbaden: Springer Gabler.
Brand Valuation Forum (2015). *Zehn Grundsätze der monetären Markenbewertung*. http://www.markenverband.de/kompetenzen/markenbewertung/brand-valuation-forum-grundsaetze-der-monetaeren-markenbewertung/10%20Grundsaetze%20der%20monetaeren%20Markenbewertung.pdf. Zugegriffen: 12. Januar 2015.
Burmann, C., & Meffert, H. (2005). Managementkonzept der identitätsorientierten Markenführung. In H. Meffert, C. Burmann, & M. Koers (Hrsg.), *Markenmanagement* (2. Aufl. S. 73–114). Wiesbaden: Gabler.
Burmann, C., Halaszovich, T., & Hemmann, F. (2012). *Identitätsbasierte Markenführung. Wiesbaden*. Gabler: Springer.
De Chernatony, L., & McDonald, M. (1998). *Creating powerful brands in consumer, service and industrial markets* (2. Aufl.). Oxford: Butterworth-Heinemann.
Dutka, S. (1995). *Dagmar, Defining Advertising Goals for Measured Advertising Results* (2. Aufl.). Lincolnwood: NTC Business Books.
Esch, F. R. (2012). *Strategie und Technik der Markenführung* (7. Aufl.). München: Vahlen.
Gietl, J. (2014). *Value Branding. Vom hochwertigen Produkt zur wertvollen Marke*. Freiburg: Haufe.
Hanser, P., Högl, S., & Maul, K.-H. (2004). *Die Tank AG – Wie neun Bewertungsexperten eine fiktive Marke bewerten*. Düsseldorf: Verlagsgruppe Handelsblatt.
Heemann, J. (2008). *Markenbudgetierung*. Wiesbaden: Gabler.
Interbrand (2014) http://www.bestglobalbrands.com/2014/ranking/#?listFormat=ls. Zugegriffen: 12. Januar 2015
Jost-Benz, M. (2009). *Identitätsbasierte Markenbewertung – Grundlagen, theoretische Konzeptualisierung und praktische Anwendung am Beispiel einer Technologiemarke*. Wiesbaden: Gabler.
Kaplan, R. S., & Norton, D. P. (1992). The balanced scorecard – measures that drive performance. *Harvard Business Review, 70*(1), 71–79.
Kaplan, R. S., & Norton, D. P. (1996). Using the balanced scorecard as a strategic management system. *Harvard Business Review, 74*(1), 75–85.
Keller, K. L. (1993). Conceptualizing, Measuring, and Managing Customer-Based Brand Equity. *Journal of Marketing, 57*(1), 1–22.

Kötting, H. (2004). Der Y & R Brand Asset Valuator. In A. Schimansky (Hrsg.), *Der Wert der Marke* (S. 720–733). München: Vahlen.

Linxweiler, R. (2001). *BrandScoreCard: Ein neues Instrument erfolgreicher Markenführung*. Groß-Umstadt: Sehnert.

Linxweiler, R. (2004). BrandScoreCard. In M. Bruhn (Hrsg.), *Handbuch Markenführung* (S. 1877–1895). Wiesbaden: Gabler.

Linxweiler, R., & Henneka, G. (2002). Die BrandScorecard – mehr als Markenführung. *Absatzwirtschaft*, Sonderheft „Marken" (März 2002), 76–80.

Meffert, H., & Koers, M. (2005). Identitätsbasiertes Markencontrolling – Grundlagen und konzeptionelle Ausrichtung. In H. Meffert, C. Burmann, & H. Koers (Hrsg.), *Markenmanagement – Identitätsorientierte Markenführung und praktische Umsetzung* (2. Aufl. S. 272–296). Wiesbaden: Gabler.

Meffert, H., Burmann, C., & Kirchgeorg, M. (2012). *Marketing: Grundlagen marktorientierter Unternehmensführung* (12. Aufl.). Wiesbaden: Springer Gabler.

Musiol, K. G., Berens, H., Spannagl, J., & Biesalski, A. (2004). icon Brand Navigator und Brand Rating für eine holistische Markenführung. In A. Schimansky (Hrsg.), *Der Wert der Marke* (S. 370–399). München: Vahlen.

Perrey, J., & Meyer, T. (2011). *Mega-Macht Marke. Erfolg messen, machen, managen* (3. Aufl.). München: redline.

PWC (2006). *Praxis von Markenbewertung und Markenmanagement in deutschen Unternehmen. Neue Befragung 2005*. http://www.markenverband.de/kompetenzen/markenbewertung/PwC%20Praxis%20Markenbewertung.pdf. Zugegriffen: 11. Januar 2015

Rocha, M. (2014). *Brand Valuation – A versatile strategic tool for business*. http://bestglobalbrands.com/assets/uploads/00000000938.pdf. Zugegriffen: 12. Januar 2015

Scharf, A., Schubert, B., & Hehn, P. (2012). *Marketing: Einführung in Theorie und Praxis* (5. Aufl.). Stuttgart: Schaeffer Poeschel.

Schimansky, A. (Hrsg.). (2004). *Der Wert der Marke*. München: Vahlen.

Simon, C. J., & Sullivan, M. W. (1993). The Measurement and Determinants of Brand Equity: A Financial Approach. *Marketing Science, 12*(1), 28–52.

Wirtz, B. W. (2003). *Mergers & Acquisitions Management*. Wiesbaden: Gabler.

Serviceteil

Der Abschnitt „Tipps fürs Studium und fürs Lernen" wurde von Andrea Hüttmann verfasst.

H. J. Schmidt, *Markenführung,* Studienwissen kompakt,
DOI 10.1007/978-3-658-07165-3, © Springer Fachmedien Wiesbaden 2015

Tipps fürs Studium und fürs Lernen

- **Studieren Sie!**

Studieren erfordert ein anderes Lernen, als Sie es aus der Schule kennen. Studieren bedeutet, in Materie abzutauchen, sich intensiv mit Sachverhalten auseinanderzusetzen, Dinge in der Tiefe zu durchdringen. Studieren bedeutet auch, Eigeninitiative zu übernehmen, selbstständig zu arbeiten, sich autonom Ziele zu setzen, anstatt auf konkrete Arbeitsaufträge zu warten. Ein Studium erfolgreich abzuschließen erfordert die Fähigkeit, der Lebensphase und der Institution angemessene effektive Verhaltensweisen zu entwickeln – hierzu gehören u. a. funktionierende Lern- und Prüfungsstrategien, ein gelungenes Zeitmanagement, eine gesunde Portion Mut und viel pro-aktiver Gestaltungswille. Im Folgenden finden Sie einige erfolgserprobte Tipps, die Ihnen beim Studieren Orientierung geben, einen grafischen Überblick dazu zeigt ◻ Abb. A.1.

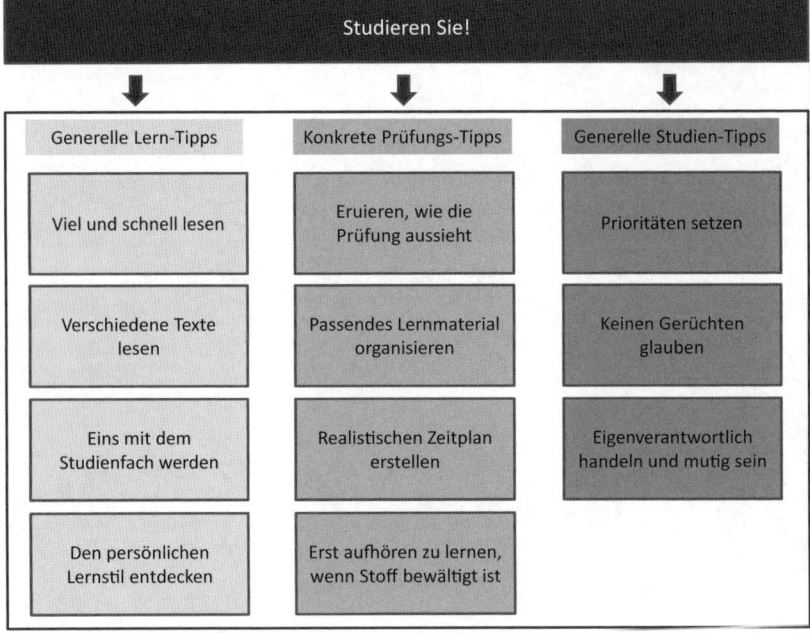

◻ **Abb. A.1** Tipps im Überblick

Tipps fürs Studium und fürs Lernen

Lesen Sie viel und schnell

Studieren bedeutet, wie oben beschrieben, in Materie abzutauchen. Dies gelingt uns am besten, indem wir zunächst einfach nur viel lesen. Von der Lernmethode – lesen, unterstreichen, herausschreiben – wie wir sie meist in der Schule praktizieren, müssen wir uns im Studium verabschieden. Sie dauert zu lange und raubt uns kostbare Zeit, die wir besser in Lesen investieren sollten. Selbstverständlich macht es Sinn, sich hier und da Dinge zu notieren oder mit anderen zu diskutieren. Das systematische Verfassen von eigenen Text-Abschriften aber ist im Studium – zumindest flächendeckend – keine empfehlenswerte Methode mehr. Mehr und schneller lesen schon eher …

Werden Sie eins mit Ihrem Studienfach

Jenseits allen Pragmatismus sollten wir uns als Studierende eines Faches – in der Summe – zutiefst für dieses interessieren. Ein brennendes Interesse muss nicht unbedingt von Anfang an bestehen, sollte aber im Laufe eines Studiums entfacht werden. Bitte warten Sie aber nicht in Passivhaltung darauf, begeistert zu werden, sondern sorgen Sie selbst dafür, dass Ihr Studienfach Sie etwas angeht. In der Regel entsteht Begeisterung, wenn wir die zu studierenden Inhalte mit lebensnahen Themen kombinieren: Wenn wir etwa Zeitungen und Fachzeitschriften lesen, verstehen wir, welche Rolle die von uns studierten Inhalte im aktuellen Zeitgeschehen spielen und welchen Trends sie unterliegen; wenn wir Praktika machen, erfahren wir, dass wir mit unserem Know-how – oft auch schon nach wenigen Semestern – Wertvolles beitragen können. Nicht zuletzt: Dinge machen in der Regel Freude, wenn wir sie beherrschen. Vor dem Beherrschen kommt das Engagement: Engagieren Sie sich also und werden Sie eins mit Ihrem Studienfach!

Entdecken Sie Ihren persönlichen Lernstil

Jenseits einiger allgemein gültiger Lern-Empfehlungen muss jeder Studierende für sich selbst herausfinden, wann, wo und wie er am effektivsten lernen kann. Es gibt die Lerchen, die sich morgens am besten konzentrieren können, und die Eulen, die ihre Lernphasen in den Abend und die Nacht verlagern. Es gibt die visuellen Lerntypen, die am liebsten Dinge aufschreiben und sich anschauen; es gibt auditive Lerntypen, die etwa Hörbücher oder eigene Sprachaufzeichnungen verwenden. Manche bevorzugen Karteikarten verschiedener Größen, andere fertigen sich auf Flipchart-Bögen Übersichtsdarstellungen an, einige können während des

Spaziergehens am besten auswendig lernen, andere tun dies in einer Hänge-matte. Es ist egal, wo und wie Sie lernen. Wichtig ist, dass Sie einen für sich effekti-ven Lernstil ausfindig machen und diesem – unabhängig von Kommentaren Dritter – treu bleiben.

Bringen Sie in Erfahrung, wie die bevorstehende Prüfung aussieht

Die Art und Weise einer Prüfungsvorbereitung hängt in hohem Maße von der Art und Weise der bevorstehenden Prüfung ab. Es ist daher unerlässlich, sich immer wieder bezüglich des Prüfungstyps zu informieren. Wird auswendig Gelerntes abgefragt? Ist Wissenstransfer gefragt? Muss man selbstständig Sachverhalte darstellen? Ist der Blick über den Tellerrand gefragt? Fragen Sie Ihre Dozenten. Sie müssen Ihnen zwar keine Antwort geben, doch die meisten Dozenten freuen sich über schlau formu-lierte Fragen, die das Interesse der Studierenden bescheinigen, und werden Ihnen in irgendeiner Form Hinweise geben. Fragen Sie Studierende höherer Semester. Es gibt immer eine Möglichkeit, Dinge in Erfahrung zu bringen. Ob Sie es anstellen und wie, hängt von dem Ausmaß Ihres Mutes und Ihrer Pro-Aktivität ab.

Decken Sie sich mit passendem Lernmaterial ein

Wenn Sie wissen, welcher Art die bevorstehende Prüfung ist, haben Sie bereits viel gewonnen. Jetzt brauchen Sie noch Lernmaterialien, mit denen Sie arbeiten können. Bitte verwenden Sie niemals die Aufzeichnungen Anderer – sie sind inhaltlich unzu-verlässig und nicht aus Ihrem Kopf heraus entstanden. Wählen Sie Materialien, auf die Sie sich verlassen können und zu denen Sie einen Zugang finden. In der Regel empfiehlt sich eine Mischung – für eine normale Semesterabschlussklausur wären das z. B. Ihre Vorlesungs-Mitschriften, ein bis zwei einschlägige Bücher zum Thema (idealerweise eines von dem Dozenten, der die Klausur stellt), ein Nachschlagewerk (heute häufig online einzusehen), eventuell prüfungsvorbereitende Bücher, etwa aus der Lehrbuchsammlung Ihrer Universitätsbibliothek.

Erstellen Sie einen realistischen Zeitplan

Ein realistischer Zeitplan ist ein fester Bestandteil einer soliden Prüfungsvorbereitung. Gehen Sie das Thema pragmatisch an und beantworten Sie folgende Fragen: Wie viele

Wochen bleiben mir bis zur Klausur? An wie vielen Tagen pro Woche habe ich (realistisch) wie viel Zeit zur Vorbereitung dieser Klausur? (An dem Punkt erschreckt und ernüchtert man zugleich, da stets nicht annähernd so viel Zeit zur Verfügung steht, wie man zu brauchen meint.) Wenn Sie wissen, wie viele Stunden Ihnen zur Vorbereitung zur Verfügung stehen, legen Sie fest, in welchem Zeitfenster Sie welchen Stoff bearbeiten. Nun tragen Sie Ihre Vorhaben in Ihren Zeitplan ein und schauen, wie Sie damit klarkommen. Wenn sich ein Zeitplan als nicht machbar herausstellt, verändern Sie ihn. Aber arbeiten Sie niemals ohne Zeitplan!

Beenden Sie Ihre Lernphase erst, wenn der Stoff bewältigt ist

Eine Lernphase ist erst beendet, wenn der Stoff, den Sie in dieser Einheit bewältigen wollten, auch bewältigt ist. Die meisten Studierenden sind hier zu milde im Umgang mit sich selbst und orientieren sich exklusiv an der Zeit. Das Zeitfenster, das Sie für eine bestimmte Menge an Stoff reserviert haben, ist aber nur ein Parameter Ihres Plans. Der andere Parameter ist der Stoff. Und eine Lerneinheit ist erst beendet, wenn Sie das, was Sie erreichen wollten, erreicht haben. Seien Sie hier sehr diszipliniert und streng mit sich selbst. Wenn Sie wissen, dass Sie nicht aufstehen dürfen, wenn die Zeit abgelaufen ist, sondern erst wenn das inhaltliche Pensum erledigt ist, werden Sie konzentrierter und schneller arbeiten.

Setzen Sie Prioritäten

Sie müssen im Studium Prioritäten setzen, denn Sie können nicht für alle Fächer denselben immensen Zeitaufwand betreiben. Professoren und Dozenten haben die Angewohnheit, die von ihnen unterrichteten Fächer als die bedeutsamsten überhaupt anzusehen. Entsprechend wird jeder Lehrende mit einer unerfüllbaren Erwartungshaltung bezüglich Ihrer Begleitstudien an Sie herantreten. Bleiben Sie hier ganz nüchtern und stellen Sie sich folgende Fragen: Welche Klausuren muss ich in diesem Semester bestehen? In welchen sind mir gute Noten wirklich wichtig? Welche Fächer interessieren mich am meisten bzw. sind am bedeutsamsten für die Gesamtzusammenhänge meines Studiums? Nicht zuletzt: Wo bekomme ich die meisten Credits? Je nachdem, wie Sie diese Fragen beantworten, wird Ihr Engagement in der Prüfungsvorbereitung ausfallen. Entscheidungen dieser Art sind im Studium keine böswilligen Demonstrationen von Desinteresse, sondern schlicht und einfach überlebensnotwendig.

Glauben Sie keinen Gerüchten

Es werden an kaum einem Ort so viele Gerüchte gehandelt wie an Hochschulen – Studierende lieben es, Durchfallquoten, von denen Sie gehört haben, jeweils um 10–15 % zu erhöhen, Geschichten aus mündlichen Prüfungen in Gruselgeschichten zu verwandeln und Informationen des Prüfungsamtes zu verdrehen. Glauben Sie nichts von diesen Dingen und holen Sie sich alle wichtigen Informationen dort, wo man Ihnen qualifiziert und zuverlässig Antworten erteilt. 95 % der Geschichten, die man sich an Hochschulen erzählt, sind schlichtweg erfunden und das Ergebnis von ,Stiller Post'.

Handeln Sie eigenverantwortlich und seien Sie mutig

Eigenverantwortung und Mut sind Grundhaltungen, die sich im Studium mehr als auszahlen. Als Studierende/r verfügen Sie über viel mehr Freiheit als ein Schüler: Sie müssen nicht immer anwesend sein, niemand ist von Ihnen persönlich enttäuscht, wenn Sie eine Prüfung nicht bestehen, keiner hält Ihnen eine Moralpredigt, wenn Sie Ihre Hausaufgaben nicht gemacht haben, es ist niemandes Job, sich darum zu kümmern, dass Sie klarkommen. Ob Sie also erfolgreich studieren oder nicht, ist für niemanden von Belang außer für Sie selbst. Folglich wird nur der eine Hochschule erfolgreich verlassen, dem es gelingt, in voller Überzeugung eigenverantwortlich zu handeln. Die Fähigkeit zur Selbstführung ist daher der Soft Skill, von dem Hochschulabsolventen in ihrem späteren Leben am meisten profitieren. Zugleich sind Hochschulen Institutionen, die vielen Studierenden ein Übermaß an Respekt einflößen: Professoren werden nicht unbedingt als vertrauliche Ansprechpartner gesehen, die Masse an Stoff scheint nicht zu bewältigen, die Institution mit ihren vielen Ämtern, Gremien und Prüfungsordnungen nicht zu durchschauen. Wer sich aber einschüchtern lässt, zieht den Kürzeren. Es gilt, Mut zu entwickeln, sich seinen eigenen Weg zu bahnen, mit gesundem Selbstvertrauen voranzuschreiten und auch in Prüfungen eine pro-aktive Haltung an den Tag zu legen. Unmengen an Menschen vor Ihnen haben diesen Weg erfolgreich beschritten. Auch Sie werden das schaffen!

Andrea Hüttmann ist Professorin an der accadis Hochschule Bad Homburg, Leiterin des Fachbereichs „Communication Skills" und Expertin für die Soft Skill-Ausbildung der Studierenden. Als Coach ist sie auch auf dem freien Markt tätig und begleitet Unternehmen, Privatpersonen und Studierende bei Veränderungsvorhaben und Entwicklungswünschen (▶ www.andrea-huettmann.de).

Glossar

Archetypen Bezeichnen zeitlose, prägende menschliche Bedürfnisse und Wünsche im Unbewussten. Basieren auf Urbildern kollektiven Denkens und Fühlens.

Archetypenbasierte Markenpositionierung Bezieht ▶ Archetypen in eine Positionierungsstrategie ein.

Blind Tests Tests, die die Frage beantworten, wie die Marke durch Testpersonen im Vergleich zu einer oder zu mehreren Wettbewerbsmarken beurteilt wird, wenn die Testpersonen nicht wissen, um welche Marke es sich handelt. Siehe auch ▶ Branded Tests.

Brand Asset Valuator (BAV) Ein ▶ Verhaltensorientiertes Verfahren der Markenbewertung von Young & Rubicam.

Brand Equity Siehe ▶ Markenwert.

Brand Identity Planning Model Ansatz der Markenführung, der auf den amerikanischen Forscher Aaker zurückgeht.

Brand-Leadership-Modell Siehe ▶ Brand Identity Planning Model.

Brand Relationship Spectrum Modell von Aaker und Joachimsthaler, welches das Spektrum vertikaler Markenverknüpfungen innerhalb eines Unternehmens zueinander aufzeigt.

Brand Touch Points Siehe ▶ Markenkontaktpunkte.

Brand Trust Performance-Monitor Ein ▶ Verhaltensorientiertes Verfahren der Markenbewertung von Brand Trust.

Brand-Valuation-Ansatz Bezeichnet ein ▶ kombiniertes Verfahren der Markenbewertung, welches von der Markenberatung Interbrand entwickelt wurde.

Branded House Bei diesem Ansatz der Markenarchitektur dominiert die Unternehmensmarke. Submarken spielen so gut wie keine Rolle.

Branded Tests Tests, die die Frage beantworten, wie die Marke durch Testpersonen im Vergleich zu einer oder zu mehreren Wettbewerbsmarken beurteilt wird, wenn die Testpersonen wissen, um welche Marken es sich handelt. Siehe auch ▶Blind Tests.

Branding Umfasst alle konkreten Maßnahmen zum Aufbau einer Marke mit dem Ziel, ein Angebot aus der Masse gleichartiger Angebote herauszuheben und eine eindeutige Zuordnung von Angeboten zu einer bestimmten Marke zu ermöglichen.

Branding-Dreieck Besteht aus den Elementen Markenname, Markenzeichen und Produkt- bzw. Verpackungsgestaltung.

Customer Based Brand Equity-Modell Keller schlägt in seinem Modell vor, dass man zur Messung der Markenstärke die Markenbekanntheit und das Markenimage erheben sollte.

Dachmarke Marke, die als übergeordnete Marke Leistungen eines Unternehmens unter ihrem Dach zusammenführt.

Differenzierung Starke Marken tragen dazu bei, dass sich Unternehmen und Produkte von vergleichbaren Anbietern und Angeboten abheben, auch wenn auf der funktionalen Ebene nur wenige Unterschiede bestehen.

Digitale Markenführung Markenführung in den digitalen Medien.

Eigen-Analyse der Marke Bestandteil der ▶ Markensituationsanalyse.

Eindimensionales Markencontrolling Bezeichnung für Verfahren des ▶ Markencontrolling, bei denen Informationen über Marken aus einer einzigen Perspektive erhoben werden.

Ein-Wort-Wert Verdichtung des ▶ Positionierungs-Statements in ein Wort.

Eisbergmodell Ein ▶ Verhaltensorientiertes Verfahren der Markenbewertung von icon added value.

Endorsed Brands Liegen vor, wenn die Einzelmarke durch die Dachmarke gestützt wird.

Ethnozentrische Markenführung Markenführung über Landesgrenzen hinweg, bei der die im Stammland erarbeitete Markenpositionierung ohne jegliche Adaption auf neue Märkte übertragen wird.

Familienmarkenstrategie Strategie, die in einem Unternehmen mehrere Dachmarken vorsieht.

Finanzwirtschaftlichen Verfahren (der Markenbewertung) Fokussieren die Errechnung eines monetären Markenwerts.

Flankierende Marke Bezeichnet eine Marke, die mit neuem Namen durch ein Unternehmen in eine bestehende Produktkategorie eingeführt wird, in der das Unternehmen bisher und auch weiterhin mit einer anderen Marke vertreten ist.

Funktionsorientierter Ansatz Geht davon aus, dass die Markenführung für eine Integration der verschiedenen betrieblichen Funktionsbereiche zu sorgen hat.

Geozentrische Markenführung Markenführung über Landesgrenzen hinweg, bei der man sich als wirklich globale Marke sieht, die keine kulturelle Bindung zu einem Land hat. Die Markenpositionierung wird auf globaler Ebene erarbeitet.

Gruppenmarkenstrategie Bezeichnung für die Strategie eines Unternehmens, die Leistungen eines Unternehmens unter einer Marke oder unter mehreren Marken zusammenzufassen.

Herkunftsnachweis Eine frühe Form von Marken. In den Anfängen der Markenführung schrieben einzelne Hersteller ihre Namen auf Kisten und Fässer. Auch heute noch dienen manche Marken dazu, die Herkunft des Produkts zu verdeutlichen oder den Kaufmann hinter dem Produkt darzustellen.

House of Brands In einem Haus der Marken werden mehrere Einzelmarken ohne ein verbindendes Markendach geführt.

Ideeller Nutzens der Marke Zum einen können Marken ihren Nutzern ein gutes Gefühl vermitteln. Zum anderen unterstützen sie ihre Besitzer, sich selbst gegenüber anderen auszudrücken.

Identitätsbasierter Ansatz Eine Marke entsteht an der Schnittstelle von Markenidentität und Markenimage (Wechselseitigkeit). Der Erfolg einer Marke wird vor allem auf ihre Identität zurückgeführt.

Identitätsbezogene Perspektive der Markenführung Setzt voraus, dass eine Marke im

Unternehmen verankert sein muss, um erfolgreich nach außen zu strahlen.

Imagefunktion Ist deshalb für Anbieter besonders relevant, weil Konsumenten starke Marken oft mit höherer Qualität verbinden als schwache Marken oder Handelsmarken. Außerdem kann ein besseres Image zu einem ▶ Preispremium führen.

Imageorientierter Ansatz Markenführung bedeutet, eine eindeutige Position im Wettbewerbsumfeld einzunehmen (Positionierung und Differenzierung) und gleichzeitig attraktive Vorstellungsbilder in den Köpfen der potenziellen Kunden aufzubauen.

Integrierte Markenführung Koordination aller umsetzungsbezogenen Maßnahmen der Markenführung.

Interbrand-Ranking Die Markenberatung Interbrand veröffentlicht jährlich eine Rangliste mit den wertvollsten Marken der Welt.

Internal Branding Siehe ▶Interne Markenführung.

Interne Markenführung Beschreibt alle Maßnahmen, die darauf abzielen, Mitarbeiter in den Prozess der Markenbildung einzubeziehen, sie über die eigene Marke zu informieren, sie für diese zu begeistern und letztlich ihr Verhalten im Sinne der Marke zu beeinflussen.

Kapitalmarktorientierte Verfahren Bezeichnen ▶ finanzwissenschaftliche Verfahren der Markenbewertung, die den monetären Markenwert nicht auf der Basis von markeninduzierten Kosten und Erlösen, sondern durch frei zugängliche Informationen an den Kapitalmärkten ermitteln.

Kernidentität Zwei bis vier Assoziationen, die stark mit der Marke verbunden sind und die auch weitgehend konstant bleiben würden, wenn die Marke mit neuen Produkten neue Märkte erschließen würde.

Kombinierte Verfahren (der Markenbewertung) Kombinieren ▶ verhaltensorientierte Verfahren mit finanzwirtschaftlichen Verfahren: Aus einem Index der Markenstärke wird der monetäre Markenwert errechnet.

Kundenanalyse Ihr Ziel ist herauszufinden, welche funktionalen, emotionalen oder sozialen Bedürfnisse die Kunden dazu bewegen könnten, die Marke zu kaufen und zu nutzen.

Marke Leistungsspeicher mit spezifischen Merkmalen, die dafür sorgen, dass sie sich aus Sicht relevanter Zielgruppen gegenüber anderen Angeboten, welche vergleichbare Basisbedürfnisse erfüllen, nachhaltig differenzieren.

Markenarchitektur Beschreibung des Verhältnisses mehrerer Marken eines Unternehmens zueinander.

Markencontrolling Hierunter versteht man die Informationsversorgung der Markenverantwortlichen sowie eine Bewertung des Erfolgsbeitrags der Marke sowie einzelner Markenführungsaktivitäten.

Markenerweiterung Hierunter versteht man das Vordringen einer Marke in eine neue Produktkategorie, wobei der bestehende Markenname genutzt wird oder eine besondere Rolle spielt.

Markenessenz Ein einziger Gedanken, der die Seele der Marke widerspiegelt.

Markenführung Sorgt für eine gezielte und funktionsübergreifende Steuerung der Marke gegenüber ihren Anspruchsgruppen.

Markengesetz (MarkenG) Gesetz über den Schutz von Marken und sonstigen Kennzeichen.

Markengleichheit Eine weitreichende Differenzierung vom Wettbewerb wird für viele Unternehmen in unterschiedlichen Branchen immer schwieriger.

Markenidentität Zentrale, wesensprägende Merkmale einer Marke, für die sie aus Sicht der internen Zielgruppen steht oder stehen soll.

Markenimage Ein bei relevanten Bezugsgruppen fest verankertes Vorstellungsbild von einem Produkt oder Unternehmen.

Markenimagemessung Verfahren des ► Markencontrolling, in deren Zentrum die Messung des ► Markenimages steht.

Marken-Kauftrichter-Analysen Unterteilen den Weg des Kunden von seiner ersten Kenntnisnahme der Marke bis hin zu seinem Nachkaufverhalten in mehrere Phasen.

Markenkern Je nach Definition Antrieb der Marke oder deckungsgleich mit der ► Markenessenz.

Markenkontaktpunkte Potenzielle Berührungspunkte zwischen einer Marke und ihren Kunden.

Markenloyalität Kunden, die eine Marke kaufen und dann wieder kaufen, bezeichnet man als loyal. Die Markenloyalität ist dann hoch, wenn Kunden die Marke immer wieder kaufen.

Markenmanagement Siehe ►Markenführung.

Markenorientiertes Verhalten Beschreibt das Ausrichten des eigenen Verhaltens von Mitarbeitern an der Identität der Marke, um die Marke zu stärken.

Markenorientierung Strategische Orientierung eines Unternehmens, welche die Verankerung der Marke im Unternehmen und die Übersetzung der Markenidentität in authentische, differenzierende und für den Kunden relevante Markenbotschaften fokussiert.

Markenpersönlichkeit Teilaspekt des Images. Hier steht im Vordergrund, welche Eigenschaften einer realen Person einer Marke zugeordnet werden können.

Markenportfolio Die Summe aller Marken in einem Unternehmen.

Markenregeln System von Regeln, um ► Markenkontaktpunkte markenkonform auszurichten.

Marken-Scorecard Kombination von Kennzahlen, um die Ziele der Markenführung an übergeordneten Unternehmenszielen auszurichten und ihnen konkrete Messgrößen zuzuweisen.

Markensituationsanalyse Besteht aus einer internen Analyse der Marke, die mit einer Analyse der externen Markenwirkung abgeglichen wird, einer Analyse der Wettbewerber, einer Analyse der Kundenbedürfnisse sowie einer Sichtung und Bewertung relevanter Umweltbedingungen und Megatrends.

Markensteuerrad Modell der ► Markenidentität nach Esch, dessen Ursprung auf das gleichnamige Modell von Icon Added Value zurückzuführen ist.

Markenstilistik Begriff, der sich auf verschiedene Elemente (z. B. Farbe, Bild, Symbol) des ► Branding bezieht.

Markenwert Bezeichnung für die Stärke einer Marke. Kann finanziell (in Geldeinheiten), basierend auf Kennzahlen oder qualitativ angegeben werden.

Markierung Ein Objekt zu markieren, bedeutet letztendlich, es zu kennzeichnen. Sprachlich ist eine Marke also ein Erkennungszeichen, ursprünglich für den Eigentümer, im betriebswirtschaftlichen Kontext jedoch für den Hersteller oder Verkäufer eines Produktes oder den Erbringer einer Dienstleistung.

Megatrends Gesellschaftliche, technologische, ökonomische, umwelttechnische und politische Entwicklungen, die sehr langfristig und weitgehend kulturübergreifend wirken und sich in vielen Lebensbereichen bemerkbar machen.

Mehrdimensionales Markencontrolling Bezeichnung für Verfahren des ► Markencontrolling, bei denen Informationen über Marken aus mindestens zwei Perspektiven erhoben werden.

Mehrmarkenstrategie Liegt vor, wenn sich mehrere Marken eines Unternehmens, die organisatorisch getrennt geführt werden, an denselben Markt richten.

Merkmalsorientierter Ansatz Dieser Ansatz der Markenführung versteht industrielle Massenwaren, die typische Merkmale (z. B. hohe Bekanntheit, breite Verfügbarkeit, einheitliche Preise) erfüllen, als Marken.

Mood Boards Stimmungsbilder, die die Wahrnehmung von Marken in kreativer Weise darstellen.

Multimarken-Strategie Liegt vor, wenn ein Unternehmen mit mehreren Marken arbeitet, die jedoch auf unterschiedliche Märkte ausgerichtet sind.

Nachfragerbezogene Perspektive der Markenführung Versteht die Marke als Vorstellungsbild in den Köpfen der Anspruchsgruppen.

Navigationsfunktion der Marke Siehe ► Orientierungsfunktion.

Neue Marke Liegt dann vor, wenn ein neuer Markenname zum Einstieg in eine neue Produktkategorie genutzt wird.

Nummer-eins-Position Ein möglichst relevantes Kriterium in einer möglichst großen Kategorie innerhalb eines möglichst großen Bezugsrahmens.

Online-Marken Marken, die vorwiegend in digitalen Medien geführt werden.

Operative Markenführung Umfasst alle konkreten Maßnahmen, die zum Aufbau und zur Pflege einer starken Marke beitragen sollen und die eher kurz- bis mittelfristigen Charakter haben.

Orientierungsfunktion der Marke Marken helfen dem Konsumenten, sich in der Angebotsvielfalt zurechtzufinden.

Parallelmarkenstrategie Siehe ►Mehrmarkenstrategie.

Polyzentrische Markenführung Markenführung über Landesgrenzen hinweg, bei der internationale Märkte differenziert bearbeitet werden. Die Markenpositionierung wird dabei gemäß den lokalen Bedingungen angepasst.

Positionierung Drückt das aus, was die Marke über sich aussagt und wie sie gegenüber anderen agiert, um ihre Ziele zu erreichen.

Positionierungsanalysen Hierbei geht es darum, die Marke unter Berücksichtigung ihres

Wettbewerbsumfeldes in einem mehrdimensionalen Raum zu verorten.

Positionierungskriterien Mögliche Eigenschaftsdimensionen oder Nutzenmerkmale, die den Positionierungsraum aufspannen.

Positionierungs-Statement Einzigartige Aussage, die in wenigen Sätzen aufzeigt, wo genau der Wettbewerbsvorteil der Marke liegt. Dient dazu, die Positionierung zu vertiefen und auch nach innen, d. h. gegenüber den Mitarbeitern, zu verdeutlichen.

Preispremium Ist die Differenz zwischen dem Verkaufspreis einer markierten Leistung und dem Verkaufspreis einer identischen, aber unmarkierten Leistung.

Produktlinienerweiterung Liegt dann vor, wenn ein neues Produkt unter einem bestehenden Markennamen in der bisherigen Produktkategorie, in der die Marke beheimatet war, eingeführt wird.

Produktmarkenstrategie Dabei wird jede Leistung eines Unternehmens als eigenständige Marke geführt.

Rechtliche Perspektive Versteht die Marke als schutzfähiges Gut, welches im ▶ Markengesetz definiert wird.

Regiozentrische Markenführung Sonderfall der ▶ polyzentrischen Markenführung. Hier werden Länder zu homogenen Regionen gruppiert, für die dann eine eigenständige Markenpositionierung erarbeitet wird.

Risikoreduktionsfunktion der Marke Starke Marken helfen uns, das subjektiv empfundene Kaufrisiko zu reduzieren.

SIIR-Modell Modell eines markenorientierten Veränderungsprozesses nach Esch.

Strategische Markenführung Beinhaltet alle Entscheidungen der Markenführung mit langfristiger Auswirkung (z. B. Klärung der ▶ Markenidentität, Festlegung der ▶ Positionierung, Entscheidung über die ▶ Markenarchitektur).

Subbrands Hiermit bezeichnet man Submarken, die eine Unternehmens- oder Dachmarke modifizieren.

Unternehmensmarke Bezeichnet eine ▶ Dachmarke, deren Name identisch mit dem Namen des Unternehmens ist.

Verhaltensorientierte Verfahren (der Markenbewertung) Errechnen den Markenwert mehrdimensional als einen Index der Markenstärke, ohne diesen in einen monetären Wert zu transferieren.

Wettbewerbsanalyse Bestandteil der ▶ Markensituationsanalyse.

Verzeichnis der gesamten Literatur

Aaker, D. A. (1982). Positioning Your Product. *Business Horizons, 25*, 56–62.

Aaker, D. A. (1996). *Building Strong Brands*. New York: The Free Press.

Aaker, D. A., & Joachimsthaler, E. (2000). The Brand Relationship Spectrum: The Key to the Brand Architecture Challenge. *California Management Review, 42*(4), 8–23.

Aaker, D. A., & Joachimsthaler, E. (2009). *Brand Leadership*. New York: The Free Press.

asw (2008). Wir müssen dafür sorgen, dass die Marke FC Bayern hell leuchtet. *absatzwirtschaft*, (8), 16.

Baetzgen, A. (2011). Drachen, Donuts, Diamanten. Die Wissenschaft und Kunst guter Markenmodelle. In A. Baetzgen (Hrsg.), *Brand Planning. Starke Strategien für Marken und Kampagnen* (S. 101–117). Stuttgart: Schäffer Poeschel.

BASF (2014). *Pressemitteilung vom 03.09.2014*. http://www.basf.at/ecp2/Press_releases_oesterreich/2014-09-03. Zugegriffen: 10. Januar 2015

Baumgarth, C. (2009). Brand Orientation of Museums. *International Journal of Arts Management, 11*(3), 30–45.

Baumgarth, C. (2010). Living the Brand: Brand Orientation in the Business-to-Business Sector. *European Journal of Marketing, 44*(5), 653–671.

Baumgarth, C. (2014). *Markenpolitik: Markentheorien, Markenwirkungen, Markenführung, Markencontrolling, Markenkontexte* (4. Aufl.). Wiesbaden: Springer Gabler.

Baumgarth, C., Merrilees, B., & Urde, M. (2011). Kunden- oder Markenorientierung – Zwei Seiten einer Medaille oder alternative Routen? *Marketing Review St. Gallen*, (1), 8–13.

Baumgarth, C., Kaluza, M., & Lohrisch, N. (2014). *Markenaudit für Kulturinstitutionen*. Wiesbaden: Springer Gabler.

Brand Valuation Forum (2015). *Zehn Grundsätze der monetären Markenbewertung*. http://www.markenverband.de/kompetenzen/markenbewertung/brand-valuation-forum-grundsaetze-der-monetaeren-markenbewertung/10%20Grundsaetze%20der%20monetaeren%20Markenbewertung.pdf. Zugegriffen: 12. Januar 2015

Brandmeyer, K., & Deichsel, A. (1991). *Die magische Gestalt. Die Marke im Zeitalter der Massenware*. Hamburg: Marketing Journal.

Brandmeyer, K., & Schmidt, M. (1999). Der genetische Code der Marke als Management-Werkzeug. In K. Brandmeyer, & A. Deichsel (Hrsg.), *Jahrbuch der Markentechnik 2000/2001* (S. 71–89). Frankfurt am Main: Deutscher Fachverlag.

Brandmeyer, K., Pirck, P., Pogoda, A., & Althanns, L. (2011). *Markenkraft zum Nulltarif*. Wiesbaden: Gabler.

Bridson, K., & Evans, J. (2004). The secret of a fashion advantage is brand orientation. *International Journal of Retail & Distribution Management, 32*(8), 403–411.

Bruch, J. (2012). Aktives Corporate Reputation Management durch konsequentes Markenkontaktpunkt-Management – das Beispiel TeamBank. In C. Wüst, & R. T. Kreutzer (Hrsg.), *Corporate Reputation Management. Wirksame Strategien für den Unternehmenserfolg* (S. 329–340). Wiesbaden: Springer Gabler.

Bruhn, M. (1999). *Kundenorientierung. Bausteine eines exzellenten Unternehmens*. München: DTV.

Bruhn, M. (2010). *Marketing. Grundlagen für Studium und Praxis* (10. Aufl.). Wiesbaden: Gabler.

Burmann, C., & Meffert, H. (2005). Managementkonzept der identitätsorientierten Markenführung. In H. Meffert, C. Burmann, & M. Koers (Hrsg.), *Markenmanagement* (2. Aufl. S. 73–114). Wiesbaden: Gabler.

Burmann, C., & Wenske, V. (2006). Multi-Channel-Management bei Premiummarken. *thexis, 23*(4), 11–15.

Burmann, C., & Zeplin, S. (2005). Innengerichtetes identitätsbasiertes Markenmanagement. In H. Meffert, C. Burmann, & M. Koers (Hrsg.), *Markenmanagement* (2. Aufl. S. 115–139). Wiesbaden: Gabler.

Burmann, C., Halaszovich, T., & Hemmann, F. (2012). *Identitätsbasierte Markenführung*. Wiesbaden: Springer Gabler.

de Chernatony, L. (2010). *From Brand Vision to Brand Evaluation* (3. Aufl.). Burlington: Elsevier.

de Chernatony, L., & McDonald, M. (1998). *Creating powerful brands in consumer, service and industrial markets* (2. Aufl.). Oxford: Butterworth-Heinemann.

de Chernatony, L., McDonald, M., & Wallace, E. (2011). *Creating Powerful Brands* (4. Aufl.). Oxford: Taylor & Francis.

De Pelsmacker, P., Geuens, M., & van den Bergh, J. (2013). *Marketing Communications. A European Perspective* (5. Aufl.). Harlow: Prentice Hall.

Domizlaff, H. (2005). *Die Gewinnung des öffentlichen Vertrauens* (7. Aufl.). Hamburg: Marketing Journal.

Dutka, S. (1995). *Dagmar, Defining Advertising Goals for Measured Advertising Results* (2. Aufl.). Lincolnwood: NTC Business Books.

Esch, F. R. (2012). *Strategie und Technik der Markenführung* (7. Aufl.). München: Vahlen.

Esch, F. R. (2014). Die Zukunft der Marke. *transfer, 60*(2), 70–77.

Esch, F.-R., & Langner, T. (2005). Branding als Grundlage zum Markenaufbau. In F.-R. Esch (Hrsg.), *Moderne Markenführung* (4. Aufl. S. 573–586). Wiesbaden: Gabler.

Esch, F.-R., Rutenberg, J., Strödter, K., & Vallaster, C. (2005). Verankerung der Markenidentität durch Behavioral Branding. In F.-R. Esch (Hrsg.), *Moderne Markenführung* (4. Aufl. S. 985–1008). Wiesbaden: Gabler.

Esch, F.-R., Fischer, A., & Hartmann, K. (2008). Abstrakte Markenwerte in konkretes Verhalten übersetzen. In *Behavioral Branding* (S. 161–180). Wiesbaden: Gabler.

FAZ (2014). Störenfried Harting. (06. Oktober 2014). *Frankfurter Allgemeine Zeitung*, S. 35.

Feige, A. (2007). *Brand Future. Praktisches Markenwissen für die Marktführer von morgen*. Zürich: Orell Füssli.

Feige, A. (2010). *Good Business. Das Denken der Gewinner von morgen*. Hamburg: Murmann.

Freitag, M., & Katzensteiner, T. (2013). *Magier aus Maranello*. http://www.manager-magazin.de/magazin/artikel/ferrari-die-heisseste-automarke-der-welt-a-908806-7.html. Zugegriffen: 10. Januar 2015

Gietl, J. (2014). *Value Branding. Vom hochwertigen Produkt zur wertvollen Marke*. Freiburg: Haufe.

Goffin, K., & Koners, U. (2011). *Hidden Needs. Versteckte Kundenbedürfnisse entdecken und in Produkte umsetzen*. Stuttgart: Schäffer-Poeschel.

Gromark, J., & Melin, F. (2011). The underlying dimensions of brand orientation and its impact on financial performance. *Journal of Brand Management, 18*(6), 394–410.

Hack, C. (2013). Die digitale Markenführung im Spagat zwischen ‚offline‘ und ‚online‘ erfolgreich gestalten. In K.-D. Koch (Hrsg.), *No. 1 Brands – Die Erfolgsgeheimnisse starker Marken* (S. 213–130). Zürich: Orell Füssli.

Handelsblatt (2014). Die Marke muss sichtbar bleiben. (19. Mai 2014). S. 24.

Hans Domizlaff Archiv (2015). http://www.hans-domizlaff-archiv.de/index.php?markentechnik. Zugegriffen: 09.01.2015.

Hanser, P., Högl, S., & Maul, K.-H. (2004). Die Tank AG – Wie neun Bewertungsexperten eine fiktive Marke bewerten. Düsseldorf: Verlagsgruppe Handelsblatt.

Harter, G., Koster, A., Peterson, M., & Stomberg, M. (2005). Managing Brands for Value Creation. http://www.strategyand.pwc.com/media/uploads/Managing_Brands_for_Value_Creation.pdf. Zugegriffen: 12. Mai 2014

Hatch, M. J., & Schultz, M. (2001). Are the strategic stars aligned for your corporate brand? Harvard Business Review, 79(2), 128–134.

Heemann, J. (2008). Markenbudgetierung. Wiesbaden: Gabler.

Hellmann, K.-U. (2003). Soziologie der Marke. Frankfurt am Main: Suhrkamp.

Hofbauer, G., & Schmidt, J. (2007). Identitätsorientiertes Markenmanagement. Grundlagen und Methoden für bessere Verkaufserfolge. Berlin: Walhalla.

Horx, M. (2011). Das Megatrend-Prinzip. Wie die Welt von Morgen entsteht. München: DVA.

Interbrand (2014). http://www.bestglobalbrands.com/2014/ranking/#?listFormat=ls. Zugegriffen: 12. Januar 2015.

Jost-Benz, M. (2009). Identitätsbasierte Markenbewertung – Grundlagen, theoretische Konzeptualisierung und praktische Anwendung am Beispiel einer Technologiemarke. Wiesbaden: Gabler.

Kapferer, J.-N. (1992). Die Marke – Kapital des Unternehmens. Landsberg am Lech: Moderne Industrie.

Kapferer, J.-N. (2008). The New Strategic Brand Management: Creating and Sustaining Brand Equity long term (4. Aufl.). London: Kogan Page.

Kaplan, R. S., & Norton, D. P. (1992). The balanced scorecard – measures that drive performance. Harvard Business Review, 70(1), 71–79.

Kaplan, R. S., & Norton, D. P. (1996). Using the balanced scorecard as a strategic management system. Harvard Business Review, 74(1), 75–85.

Kausch, T., Pirck, P., & Strahlendorf, P. (Hrsg.). (2013). Städte als Marken: Strategie und Management. Hamburg: New Business Verlag.

Keller, K. L. (1993). Conceptualizing, Measuring, and Managing Customer-Based Brand Equity. Journal of Marketing, 57(1), 1–22.

Kilian, K. (2009). Marke unser. Branding zwischen höllisch gut und himmlisch verwegen. Würzburg: markenlexikon.com.

Kilian, K. (2009). So bringen Sie Ihre Marke auf Kurs. Absatzwirtschaft, 52(4), 42–43.

Kilian, K. (2010). Multisensuales Marketing: Marken mit allen Sinnen erlebbar machen. Transfer Werbeforschung & Praxis, 56(4), 42–48.

Kilian, K. (2011). Mitarbeiter als Markenbotschafter. Vortrag auf dem Kölner Marketingtag am 19. Mai.

Kilian, K. (2012). Vom Point of Sale zum Point of Experience. Markenartikel, 1–2, 100–102.

Koch, K.-D. (2006). Reiz ist geil. In 7 Schritten zur attraktiven Marke. Zürich: Orell Füssli.

Koch, K.-D. (2010). Was Marken unwiderstehlich macht. 101 Wege zur Begehrlichkeit (2. Aufl.). Zürich: Orell Füssli.

Kotler, P., & Bliemel, F. (2005). Marketing-Management: Analyse, Planung und Verwirklichung. München: Pearson.

Kötting, H. (2004). Der Y & R Brand Asset Valuator. In A. Schimansky (Hrsg.), Der Wert der Marke (S. 720–733). München: Vahlen.

Kreutzer, R. T. (2013). *Praxisorientiertes Marketing. Grundlagen – Instrumente – Fallbeispiele* (4. Aufl.). Wiesbaden: Springer Gabler.

Langner, T. (2003). *Integriertes Branding. Baupläne zur Gestaltung erfolgreicher Marken*. Wiesbaden: DUV.

Levitt, T. (1983). The Globalization of Markets. *Harvard Business Review, 61*(3), 92–102.

Linxweiler, R. (2001). *BrandScoreCard: Ein neues Instrument erfolgreicher Markenführung*. Groß-Umstadt: Sehnert.

Linxweiler, R. (2004). BrandScoreCard. In M. Bruhn (Hrsg.), *Handbuch Markenführung* (S. 1877–1895). Wiesbaden: Gabler.

Linxweiler, R., & Henneka, G. (2002). Die BrandScorecard – mehr als Markenführung. *Absatzwirtschaft*, Sonderheft „Marken" (März 2002), 76–80.

LZ (2015). Handelsmarkenmonitor 2010. http://www.lebensmittelzeitung.net/news/pdfs/17_org.pdf. Zugegriffen: 09. Januar 2015.

Madden, T., Fehle, F., & Fournier, S. (2006). Brands Matter – An Empirical Demonstration of the Creation of Shareholder Value through Branding. *Journal of the Academy of Marketing Science, 34*(2), 224–235.

McKinsey (2015). *Einkäufer vertrauen starken Marken*. http://www.mckinsey.de/einkProzentC3ProzentA4ufer-vertrauen-starken-marken-image-auch-im-b2b-bereich-ein-wichtiger-entscheidungsfaktor-0. Zugegriffen: 09. Januar 2015.

Meffert, H., & Burmann, C. (1996). *Identitätsorientierte Markenführung – Grundlagen für das Management von Markenportfolios*. Arbeitspapier, Bd. 100. Münster: Wissenschaftliche Gesellschaft für Marketing und Unternehmensführung e. V.

Meffert, H., & Koers, M. (2005). Identitätsbasiertes Markencontrolling – Grundlagen und konzeptionelle Ausrichtung. In H. Meffert, C. Burmann, & H. Koers (Hrsg.), *Markenmanagement – Identitätsorientierte Markenführung und praktische Umsetzung* (2. Aufl. S. 273–296). Wiesbaden: Gabler.

Meffert, H., Burmann, C., & Koers, M. (2002). Stellenwert und Gegenstand des Markenmanagement. In H. Meffert, C. Burmann, & M. Koers (Hrsg.), *Markenmanagement – Grundfragen der identitätsorientierten Markenführung* (S. 3–15). Wiesbaden: Gabler.

Meffert, H., Burmann, C., & Kirchgeorg, M. (2012). *Marketing: Grundlagen marktorientierter Unternehmensführung* (12. Aufl.). Wiesbaden: Springer Gabler.

Musiol, K. G., Berens, H., Spannagl, J., & Biesalski, A. (2004). icon Brand Navigator und Brand Rating für eine holistische Markenführung. In A. Schimansky (Hrsg.), *Der Wert der Marke* (S. 370–399). München: Vahlen.

Naisbitt, J. (1984). *Megatrends: Ten New Directions Transforming Our Lives*. New York: Warner.

Napoli, J. (2006). The impact of nonprofit brand orientation on organizational performance. *Journal of Marketing Management, 22*(7–8), 673–694.

Nitschke, D. (2011). Ich war Tarzan. Plädoyer für die Marke als lernendes System und eine kreative, interaktive und empathische Markenarbeit. In A. Baetzgen (Hrsg.), *Brand Planning. Starke Strategien für Marken und Kampagnen* (S. 65–78). Stuttgart: Schäffer Poeschel.

Nuneva, A. (2012). Corporate Reputation Management bei der Heidelberger Druckmaschinen AG. In C. Wüst, & R. T. Kreutzer (Hrsg.), *Corporate Reputation Management. Wirksame Strategien für den Unternehmenserfolg* (S. 299–327). Wiesbaden: Springer Gabler.

Paul, M. (2004). *Es war einmal, die Marke. Entstehungsgeschichte, Beispiele und Bedeutung historischer Markenartikel*. http://www.markenlexikon.com/d_texte/paul_markengeschichte_absatzwirtschaft_22Okt2004.pdf. Zugegriffen: 9. Januar 2015

Pavel, F., v Schlippenbach, V., & Beyer, M. (2010). *Zunehmende Nachfragemacht des Einzelhandels – Eine Studie für den Markenverband*. http://www.markenverband.de/publikationen/studien/ Nachfragemacht. Zugegriffen: 10. Januar 2015.

Perrey, J., & Meyer, T. (2011). *Mega-Macht Marke. Erfolg messen, machen, managen* (3. Aufl.). München: Redline.

PWC (2006). *Praxis von Markenbewertung und Markenmanagement in deutschen Unternehmen. Neue Befragung 2005*. http://www.markenverband.de/kompetenzen/markenbewertung/PwC%20 Praxis%20Markenbewertung.pdf. Zugegriffen: 11. Januar 2015

Redler, J. (2012). *Grundzüge des Marketings*. Berlin: BWV.

Reitzle, W. (2005). Marken als strategischer Erfolgsfaktor im Investitionsgütergeschäft. In H. Hungenberg, & J. Meffert (Hrsg.), *Handbuch Strategisches Management* (2. Aufl. S. 877–891). Wiesbaden: Gabler.

Ries, A., & Trout, J. (1979). *Positioning: The Battle for Your Mind*. New York: McGraw-Hill.

Rocha, M. (2014). *Brand Valuation – A versatile strategic tool for business*. http://bestglobalbrands. com/assets/uploads/00000000938.pdf. Zugegriffen: 12. Januar 2015

Sander, B., Friedrichs, K., & Hunfeld, S. (2009). Markenaustauschbarkeit – Die Brand Parity Studie 2009. *Insights*, (11), 16–27.

Scharf, A., Schubert, B., & Hehn, P. (2012). *Marketing: Einführung in Theorie und Praxis* (5. Aufl.). Stuttgart: Schaeffer Poeschel.

Schimansky, A. (Hrsg.). (2004). *Der Wert der Marke*. München: Vahlen.

Schmeh, K. (2004). *Der Kultfaktor. Vom Marketing zum Mythos: 42 Erfolgsstorys von Rolex bis Jägermeister*. München: Redline.

Schmidt, H. J. (2006). Marken mit Struktur statt Bauchgefühl führen. *io new management, 75*(7–8), 10–14.

Schmidt, H. J. (2008). Grundlagen der innengerichteten Markenführung. In H. J. Schmidt (Hrsg.), *Internal Branding. Wie Sie Ihre Mitarbeiter zu Markenbotschaftern machen* (S. 13–110). Wiesbaden: Gabler.

Schmidt, H. J. (2015). Corporate Strategy and Corporate Branding: Reference Frame and Examples of Integrated Corporate Strategic & Brand Management (CS&BM). In D. Simon, & C. Schmidt (Hrsg.), *Business Architecture Management*. Berlin: Springer.

Schmidt, H. J., & Baumgarth, C. (2014). Marke als Treiber sozialer Innovationen. *Markenartikel*. Sonderheft „Marke: Garant für Innovation und Wohlstand" zum 111. Geburtstag des Markenverbandes (August 2014), 102-105.

Schmidt, H. J., & Kilian, K. (2012). Internal Branding, Employer Branding & Co.: Der Mitarbeiter im Markenfokus. *transfer Werbeforschung & Praxis, 1*, 24–29.

Schüller, A. M. (2012). Marketer, begrabt die vier P! *Horizont, 31*, 19.

Simon, C. J., & Sullivan, M. W. (1993). The Measurement and Determinants of Brand Equity: A Financial Approach. *Marketing Science, 12*(1), 28–52.

Swiss Life (2010). http://report.swisslife.com/2010_ye/download/SL_successfactor_2010_de.pdf. Zugegriffen: 10. Januar 2015.

Urde, M. (1994). Brand Orientation. *Journal of Consumer Marketing, 11*(3), 18–32.

Urde, M. (1999). Brand Orientation. *Journal of Marketing Management, 15*(1–3), 117–133.

Urde, M., Baumgarth, C., & Merrilees, B. (2011). Brand orientation and market orientation – From alternatives to synergy. *Journal of Business Research, 66*, 13–20.

Walter, S. (2006). *Die Rolle der Werbeagentur im Markenführungsprozess*. Zürich: Gabler (DUV).

Weiner, C., & Kupfer, C. (2007). *Täglich zu Tiffany: vom Vergnügen, anders zu sein*. Frankfurt am Main: Campus.

Wentzel, D., Tomczak, T., Kernstock, J., Brexendorf, T. O., & Henkel, S. (2014): Den Funnel als Analyse- und Steuerungsinstrument von Brand Behavior heranziehen. In F.-R. Esch, T. Tomczak, J. Kernstock, T. Langner, & J. Redler (Hrsg.), *Corporate Brand Management* (S. 227-241). Wiesbaden: Springer Gabler.

Werr, G., & Wicke, A. (2010). *Die starke Marke wird am Markt zum Wettbewerbsvorteil*. http://www.caritas.de/neue-caritas/heftarchiv/jahrgang2010/artikel/die-starke-marke-wird-am-markt-zum-wettb. Zugegriffen: 10. Januar 2015

Wind, Y. (1982). *Product Policy: Concepts, Models, and Strategy*. Reading: Addison-Wesley.

Wirtz, B. W. (2003). *Mergers & Acquisitions Management*. Wiesbaden: Gabler.

Wong, H. Y., & Merrilees, B. (2005). A brand orientation typology for SMEs. *Journal of Product & Brand Management, 14*(3), 155–162.

Wong, H. Y., & Merrilees, B. (2008). The performance benefits of being brand-oriented. *Journal of Product & Brand Management, 17*(6), 372–383.

Zukunftsinstitut (2015). http://www.zukunftsinstitut.de/dossier/megatrends/. Zugegriffen: 13. Januar 2015.

Printing: Ten Brink, Meppel, The Netherlands
Binding: Ten Brink, Meppel, The Netherlands